Brustat-Naval · Suhren NASSES EICHENLAUB

Fritz Brustat-Naval · Teddy Suhren

Nasses Eichenlaub

Als Kommandant und F.d.U. im U-Boot-Krieg

2., überarbeitete Auflage

Koehlers Verlagsgesellschaft mbH · Herford

Abbildungen:

Schutzumschlag:
Vorderseite: Ernst A. Eberhard, Bad Salzuflen, nach einem Foto aus dem Privatarchiv Suhren
Rückseite: Ministry of Defence, London

Bildteil:
Privatarchiv Suhren, Halstenbek (30)
Ullstein-Bilderdienst, Berlin (3)
Keystone-Pressedienst, Hamburg (3)
New York Times, 10.12.1972 (1)
Ministry of Defence, London (1)

Besondere Daten lieferten:
OKM 3. Skl — M. Dv. Nr. 135: Die Handelsflotten der Welt 1942, München/Berlin 1942
Rohwer, Jürgen: Die U-Boot-Erfolge der Achsenmächte 1939-45, München 1968

CIP-Kurztitelaufnahme der Deutschen Bibliothek

Brustat-Naval, Fritz:
Nasses Eichenlaub : als Kommandant u. F.d.U. im U-Boot-Krieg / Fritz Brustat-Naval; Teddy Suhren. — Herford : Koehler, 1983.
ISBN 3-7822-0316-X

NE: Suhren, Teddy:

ISBN 3 7822 0355 0; Warengruppe Nr. 21

Schutzumschlaggestaltung: Ernst A. Eberhard, Bad Salzuflen,
unter Verwendung der o.g. Abbildungen
Produktion: Jörn Heese
Gesamtherstellung: Hans Kock Buch- und Offsetdruck GmbH, Bielefeld
Printed in Germany

Inhalt

Vorreden verzögern nur den Gang der Handlung, so meine ich! Trotzdem sind hier einige Bemerkungen angebracht; denn nach wenigen Sätzen betritt eine der populärsten Figuren der Kriegsmarine die Szene: Teddy Suhren. Er war einer der jüngsten und erfolgreichsten Kommandanten der an sich noch jungen U-Boot-Waffe, schon als »Twen« Fregattenkapitän und einer der höchstdekorierten Marineoffiziere überhaupt. Andererseits aber auch einer, der kein Blatt vor den Mund nahm und nicht ins Bier spuckte. Er war so etwas wie ein enfant terrible, meinetwegen, ein Kind seiner Zeit, aber gewiß kein Kind von Traurigkeit.
Viele Episoden sind mit seiner Person verbunden. Sie wurden kolportiert, im Hörensagen übersteigert, gehen noch heute von Mund zu Mund.
Hier bringe ich ihn selber zum Reden. Es ist keine U-Boot-Historie; es sind die Erfahrungen eines Angehörigen jener jungen Generation, deren Leben vom Krieg nachhaltig geprägt wurde. Wenn die Nachkommen jener Generation, weil ihnen die Vergleichsmaßstäbe fehlen, heute fragen, wie war das damals, warum habt ihr, oder warum habt ihr nicht, so mögen sie bedenken, daß man sie zu gegebener Zeit das gleiche fragen wird. Das ist so sicher wie das Amen in der Kirche.
Teddy Suhren steht Rede und Antwort, jedenfalls was ihn selbst betrifft. Niemand weiß auf alles eine Antwort, und man messe nicht die Reden des einen an den Zielvorstellungen eines anderen. Wir sind den Ereignissen nachgegangen, nicht auf den Grund, aber doch auf Sehrohrtiefe. Und schließlich habe ich dieses Buch als Endsumme einer ganzen Reihe von aufschlußreichen Teddy Suhren-Interviews geschrieben — als ein Stück Zeitgeschichte aus erster Hand.

Fritz Brustat-Naval

I.

Im Frühjahr 1941, von dem wir ausgehen, lagen in jenem Marinestützpunkt an der Ostsee, den wir einmal Gotenhafen nannten, die beiden damals größten Schlachtschiffe der Welt:
die *Bismarck*, und ihre Schwester, die *Tirpitz*.
251 Meter über alles lang und 36 Meter breit, hatten diese Kolosse eine Wasserverdrängung von 41.700 Tonnen. Ihre mit vier Zwillingsrohren aufgetürmte Schwere Artillerie, Kaliber 38,1 Zentimeter, schoß rund 36 Kilometer weit, und jede Panzersprenggranate wog 798 Kilogramm. Wo die hinhaute, wuchs kein Gras mehr. Der Kruppstahl-Panzer der Schiffe, im Gürtel bis zu 320 Millimeter dick, machte sie schier unverwundbar. Sie galten als die zur Zeit nicht nur größten, sondern auch stärksten Einheiten aller Marinen der Welt und als nahezu unüberwindlich. Mit einem Wort, es waren schwimmende Festungen. Daß sie sich, angetrieben von 150.000 PS und drei Schrauben, noch mit 30 Knoten von der Stelle bewegen konnten und über einen Aktionsradius bis nach Südamerika und zurück verfügten, erhöhte ihre Gefährlichkeit. Und folgerichtig waren sie auch für den ozeanischen Einsatz vorgesehen, um die feindliche Handelsschiffahrt im Atlantik zu unterbinden.

Gewisse Anzeichen deuteten auf eine baldige Ausreise der *Bismarck* hin. Die Gerüchte verdichteten sich, als am 12. Mai 1941 Adolf Hitler dem auf Gotenhafen Reede ankernden Schlachtschiff einen Besuch abstattete, wo ihn die gesamte Besatzung von 2.300 Mann in Paradeaufstellung empfing. Vielleicht wollte er sich auch nur die formschönen Großkampfschiffe einmal aus der Nähe ansehen, wobei sich natürlich Spekulationen nicht vermeiden ließen.

Nachdem Adolf Hitler und sein Stab die *Bismarck* besichtigt hatten, war an Bord der am Kai liegenden *Tirpitz* eine gemeinsame Kaffeetafel mit den Offizieren beider Schlachtschiffe vorgesehen. Sozusagen als Dekoration hatte man alle im Bereich Danzig-Gotenhafen greifbaren Ritterkreuzträger der Marine eingeladen, darunter auch mich, Reinhard Suhren, und meinen Bruder Gerd. Ich war damals gerade 25 Jahre alt, Oberleutnant zur See und Kommandant von *U 564*, einem noch neuen Boot. Demnächst sollten wir zur AGRU-Front abgestellt werden, der Ausbildungsgruppe Front auf Hela, wo mein älterer Bruder Gerd, Kapitänleutnant und Ingenieur-Offizier, stationiert war.

Auf der *Tirpitz* gab es keinen großen Bahnhof, es flatterte lediglich die Führerstandarte an höchster Stelle. Die zur Kaffeetafel hergerichtete Messe, unter dem Oberdeck gelegen, faßte etwa fünfzig Personen. Sie war, dem Charakter eines Kriegsschiffes entsprechend, bar allen brennbaren Materials, spartanisch einfach und soldatisch schlicht. Der einzige Luxus waren die weißen Tischtücher. Nationalsozialistische Embleme fehlten völlig.
Mir fiel auf, daß der Oberbefehlshaber der Kriegsmarine, Großadmiral Raeder, nicht dabei war. Das war ungewöhnlich, aber vielleicht beabsichtigt, um die Bedeutung des Besuches herunterzuspielen. Links und rechts von Hitler saßen der Flottenchef, Admiral Lütjens, und die beiden Kommandanten, die Kapitäne zur See Lindemann und Topp. Ich hatte Lütjens noch als Chef der 1. Zerstörerdivision kennengelernt. An sich schweigsam und nüchtern, machte er nicht den Eindruck eines deutschen Nelson.
Ich saß Hitler schräg gegenüber. Mit der schief in die Stirn gekämmten Locke und dem Bärtchen entsprach er seinen Fotografien aufs Haar. Er gab sich sehr aufgeschlossen, fast fröhlich und hatte auch allen Grund dazu. Polen war überrollt, Frankreich besiegt. Wir standen im Atlantik, und mit der Sowjetunion verband uns ein Nichtangriffspakt. Nur England war übriggeblieben. Schon nach einem einleitenden Wortwechsel von vielleicht zehn Minuten hatte Hitler das Gespräch an sich gerissen, und alle anderen hörten nur noch zu. Denn Adolf, mit einer Stimme wie man sie aus dem Rundfunk kannte, guttural und hart akzentuierend, dozierte zum Erstaunen aller über Bewaffnung und Panzerung, über die Schlagkraft und Kapazität der Weltkriegsflotten in einer Weise, daß selbst die Stabsoffiziere der Schlachtschiffe ihm nicht mehr zu folgen vermochten. Und was er sagte, hatte Hand und Fuß, daran war nicht zu rütteln. Als er auf die Kaliber zu sprechen kam, machte er sie erst recht mundtot; denn er äußerte in etwa: Damals, als *Scharnhorst* und *Gneisenau* gebaut wurden, erzählte man mir, 28-Zentimeter-Kanonen seien überhaupt das beste, was man haben könne, sie ermöglichten eine schnelle Schußfolge mit Panzersprenggranaten, die am Ziel genau so wirken wie größere Kaliber. Und hier auf den Schlachtschiffen, hier hat man plötzlich 38-Zentimeter-Kanonen. Ja, wieso das denn, meine Herren? Und das war vielleicht die einzige Gelegenheit, die er ihnen bot, um auch einmal zu Wort zu kommen.
Aber da saßen sie nun und schwiegen, der Flottenchef, die Kommandanten der beiden größten Kriegsschiffe der Welt und was noch so alles an hohen und höchsten Dienstgraden anwesend war, und ließen ihn reden. Vermutlich hätte er noch weitere Fragen stellen sollen, um sie aus ihrer Reserve herauszulocken. Wie soll das denn zur See nun weitergehen, und was meinen Sie wohl? Nichts von alledem. Hier redete nur einer: Adolf Hitler.

Und wenn auch Metternich im Jahre 1812 in einem Bericht zur Lage den geschlagenen Napoleon ironisch »den größten Feldherrn unseres Jahrhunderts« genannt hatte, so hatte man in unseren Tagen dem Adolf bereits das Prädikat »größter Feldherr aller Zeiten« verliehen (hinter der vorgehaltenen Hand in »Gröfaz« vereinfacht), den man besser nicht unterbrach, geschweige denn ihm widersprach. So wurde schließlich wieder eine richtige Führerrede daraus. Als er sich schließlich zu der Bemerkung verstieg, daß wir in Norwegen Werften errichten und Schiffe bauen würden, wie sie die Welt noch nie gesehen habe, schienen alle zufrieden. Nach dem Kaffee wurden wir Ritterkreuzträger in der Kommandantenkajüte Hitler vorgestellt. Er stutzte, als zweimal der Name Suhren fiel, zeigte auf uns und blickte mich fragend an. Ich sagte nur: Wir sind Brüder. Damit war auch schon alles beendet, und wir konnten gehen.
Im Gegensatz zu meinem hochgestimmten Bruder blieb ich einsilbig und in mich gekehrt, so daß er schließlich leicht vorwurfsvoll bemerkte: Weißt Du, ich habe das Gefühl, Du freust Dich gar nicht. Mensch, überleg doch mal, wir sind dem Führer vorgestellt worden, das ist immerhin eine Ehre. Na, und so weiter.
Meine Antwort fiel etwas länger aus. Sicher, das ist schon etwas und passiert nicht alle Tage, und ich freue mich im gewissen Sinne ja auch. Aber so wie das vor sich ging, ich meine, daß fast nur der Führer gesprochen hat und dann über so viele Einzelheiten, die im Grunde genommen nicht seine Sachen sind –, dafür hat er doch den Admiralstab. Natürlich hat er es unsern hohen Herren gezeigt, daß er sich nicht für dumm verkaufen läßt, was zum Beispiel das Kaliberproblem betraf. Aber muß das sein –, muß er sich denn mit all diesen Dingen befassen? Soviel kann doch ein Mann von seiner hohen Warte aus nicht wissen wollen, ohne sich zu verzetteln. Ich begreife das nicht.
Das ist es ja gerade, wandte mein Bruder ein, der Führer hat ein phänomenales Gedächtnis und interessiert sich für alles.
Das mag schon sein, fuhr ich fort, Du bist ja auf dem Aviso *Grille* gefahren und hast ihn dort des öfteren erlebt und kennst ihn vielleicht besser. Trotzdem wäre es mir lieber gewesen, die Geschichte wäre andersherum verlaufen, und er hätte sich aus den Antworten der anderen ein Bild gemacht. Doch die kriegten ja den Mund nicht auf. Und dann noch eins, setzte ich hinzu, was er uns da von den Schiffen erzählt hat, wie sie die Welt noch nicht gesehen hat, die er noch bauen lassen will, obgleich er schon die beiden größten Schlachtschiffe besitzt. Wann sollen die denn fertig sein und zum Einsatz kommen? Mit anderen Worten, wie lange soll der Krieg denn noch dauern? Zwei Jahre sind schon drüber hingegangen.

Mein Bruder suchte mich zu beschwichtigen, aber einmal im Zuge, redete ich weiter: Ich bin schließlich nur ein simpler Seemann, dem manches verborgen bleibt. Aber ich kann bis drei zählen und begreife dies und jenes. Sieh Dir doch mal unsere Truppenaufmärsche an der Demarkationslinie in Polen an. Das ist doch gegen Rußland gerichtet und bedeutet über kurz oder lang Krieg mit der Sowjetunion. Die Truppen stehen doch nicht umsonst da herum.

Obwohl soviel Zeit verstrichen ist, entsinne ich mich dieser Szene noch heute sehr genau. Es war im Mai 1941, als die Welt für viele von uns schon fast in Ordnung zu sein schien. Aber noch im nächsten Monat begann Hitler aus heiterem Himmel die Sowjetunion anzugreifen, und damit ging der Krieg erst richtig los. Und dauerte noch vier lange Jahre.

Niemand hätte das vorauszusagen vermocht und noch weniger voraussagen mögen, wie man noch erfahren wird.

Ich selbst, ein junger Oberleutnant, dem man das Ritterkreuz verliehen hatte, »weil er an der Versenkung von 200.000 Tonnen feindlichen Schiffsraumes entscheidenen Anteil hatte«, wurde noch zweimal »wegen besonderer Auszeichnung vor dem Feinde« außer der Reihe befördert und war mit 28 Jahren der jüngste Fregattenkapitän der Kriegsmarine und »mit den Schwertern zum Eichenlaub des Ritterkreuzes« einer der höchstdekorierten Seeoffiziere überhaupt.

Was die Schlachtschiffe betrifft, von denen ich in meinen Erinnerungen ausgehe, so sind auch sie, ungeachtet ihrer scheinbaren Unbezwingbarkeit, dem Krieg zum Opfer gefallen. Die *Bismarck*, bei der sich alle Gerüchte bestätigten, ist tatsächlich kurz nach dem Führerbesuch in den Atlantik ausgelaufen und schon nach wenigen Tagen mitsamt dem Flottenchef verlorengegangen. In den Augen eines jungen Menschen, der noch von Seeschlachten träumt, wirkten diese gepanzerten Kolosse höchst grandios und imponierend. Im normalen Bordalltag haben mir die dicken Schiffe mit ihrem Kasernenhofton und kompaniestarken Divisionen, in denen der einzelne in der Masse untergeht, nie gelegen. Nachdem ich erst einmal meinen Fuß auf das schmale Deck eines U-Bootes gesetzt hatte, war ich dieser so ganz anderen Atmosphäre mit ihrer Tuchfühlung von Mann zu Mann von Stund an verfallen. Bei aller Kriegsmaschinerie und allen militärischen Umgangsformen stand für mich immer der Mensch mit all seinen menschlichen Eigenschaften im Vordergrund. Ich war immer »Teddy« Suhren. Dabei ist mir, weiß Gott, nichts geschenkt worden. Im Gegenteil, man hat mir in den ersten Jahren so manches angekreidet und Schwierigkeiten bereitet, wo man nur konnte. Auch das soll, trotz meiner steilen Karriere, die anfänglich eher steil nach unten wies, einmal deutlich ausgesprochen werden.

II.

Um bei »Teddy« zu bleiben: In den letzten großen Ferien vor dem Abitur durfte ich an einem Segellehrgang der Hanseatischen Yachtschule in Neustadt/Holstein teilnehmen, obgleich die damit verbundenen Kosten meinen Eltern nicht ganz leichtgefallen sind. Ich hatte schon früher gesegelt und hoffte mich zu vervollkommnen. Zu meiner Enttäuschung überwog auf der Yachtschule eine sogenannte vormilitärische Ausbildung. Doch da ich mich bereits als Offiziersanwärter bei der Kriegsmarine beworben hatte und die Annahme, wie man uns einschärfte, von eben dieser »vormilitärischen —« abhing, mußte man sie wohl oder übel mitnehmen. Mein diesbezüglicher Auftritt entbehrte wohl nicht einer gewissen Komik; denn eines Tages brach mein Hintermann in schallendes Gelächter aus: »Mensch, Reinhard, wenn ich Dich so marschieren sehe, kommst Du mir wie ein Teddy-Bär vor!«

Das läßt gewisse Rückschlüsse auf meine Statur zu. Ich fand das zuerst gar nicht komisch, und fürs Marschieren hatte ich ohnehin nichts übrig. Später, als Rekrut auf dem Dänholm bei Stralsund, erblickte ich gegenüber bei der anderen Kompanie meinen Freund aus Neustadt, der mir freudig entgegenbrüllte: »Mensch, Teddy, Du bist ja auch hier!« Und von Stund an war ich in der Crew '35 der »Teddy«. Meinen eigentlichen Vornamen kennen nur die wenigsten. So ist das Leben.

Wie gesagt, marschieren mochte ich nicht, dafür umso lieber das Reiten; denn ich habe meine Jugend überwiegend auf dem Lande zugebracht. Mein Vater, den ich sehr verehrte, war ein kluger, wenn auch konservativer Mensch. Er hatte in Halle Landwirtschaft studiert und sich danach auf Samoa als Pflanzer niedergelassen. 1913 kam er nach Deutschland, heiratete meine Mutter und kehrte mit ihr in die Südsee zurück. Ein Jahr darauf wurde mein Bruder geboren, in Apia auf Upolu, einer Hauptinsel im deutschen West-Samoa. Als kurz darauf der Erste Weltkrieg ausbrach, packte mein Vater die Koffer und schiffte sich mit meiner Mutter und dem Säugling vom amerikanischen Pago-Pago aus nach Sankt Franzisko ein. Von New York aus reisten sie als Mr. und Mrs. Gasket plus Junior auf einem norwegischen Dampfer nach Bergen. Der kräftige Bartwuchs meines Vaters verdeckte seine Korpsstudentenschmisse. Mein Vater ließ Frau und Kind bei ihren Eltern in Langenschwalbach, dem heutigen Bad Schwalbach. Er selbst ging als Rittmeister der Reserve mit den Leipziger 18. Ulanen an die Front. Meine Mutter, so glaube ich, hat die Trennung von der

Südsee nie ganz verwunden. In all ihren Erzählungen schimmerte immer, fast unbewußt, die Sehnsucht nach dem verlorenen Paradies hindurch.
Ich selbst bin im Hause meiner Großeltern in Langenschwalbach am 16.4.1916 geboren. Mütterlicherseits waren meine Vorfahren seit mehreren Generationen Ärzte. Mein Urgroßvater war als Frauenarzt von der Großherzogin von Hessen-Nassau hinzugezogen worden. Diese, eine Tochter der Königin Victoria von England, öffnete ihm fast alle regierenden Fürstenhäuser, darunter auch den Zarenhof in Petersburg. Dort hatte er auch die ärztliche Leitung bei der Geburt des letzten Zarewitsch, der ein Bluter war. Mein Urgroßvater hinterließ der Familie ein Buch mit seinen Einnahmen. Die höchsten Honorare zahlte scheinbar Eugenie von Frankreich, das Blatt der Zarin war dagegen völlig leer. Mein Urgroßvater hat nie eine Liquidation vorgelegt, die Zarin nie einen Rubel angewiesen. Diese merkwürdige Tatsache bedarf einer Erklärung: Beide waren sich darüber klar, daß das von der Zarin angewiesene Geld ihn nie erreichen, sondern auf der Strecke versickern würde.
Doch die Zarin, eine geborene Prinzessin Alice von Hessen, glich die Leere wahrhaft fürstlich aus, indem sie meiner Urgroßmutter unendlich reichen und wertvollen Schmuck schenkte. Und noch bis in unsere Zeit hat unsere Verwandtschaft Preziosen von der letzten Zarin getragen. Aber in der Inflation der zwanziger Jahre wurden auch diese Werte veräußert und gingen dahin. Alle wurden wir arm wie die Kirchenmäuse.
Nach dem Ersten Weltkrieg ließen die Engländer eine Rückkehr auf die Pflanzungen nach Samoa nicht zu. Zwar enthält der Versailler Vertrag einen Paragraphen, wonach die von den Siegermächten enteigneten Pflanzer von der deutschen Reichsregierung entschädigt werden sollten. Dazu ist es aber nie gekommen, wir blieben uns selbst überlassen. Mein Vater leitete nacheinander mehrere Domänen, unter anderem war er Direktor der Sächsischen Versuchsgüter bis zu deren Auflösung. Mit seinem Inspektor, der sinnigerweise Hufnagel hieß, waren wir Brüder eng befreundet.
Trotz der Krise in der deutschen Landwirtschaft, die sich während der zwanziger Jahre mehr und mehr bemerkbar machte, hatten wir eine glückliche Jugend. Wir durften viel Sport treiben, und das Nächstliegende war eben der Reitsport. Schon als Zehnjähriger bekamen wir täglich eine Stunde Reitunterricht vom Vater und sind sozusagen auf dem Rücken der Pferde großgeworden. Daher meine Vorliebe fürs Reiten, über das sich noch einiges sagen ließe. Desgleichen über mein Interesse am Segelsport, dem ich nicht nur an der Hanseatischen Yachtschule, sondern schon auf Spiekeroog nachgegangen bin. Das war auf der dortigen Hermann Lietz-Schule, einem Landerziehungsheim englischer Art, in dem neben dem Unterricht das Ge-

meinschaftsleben der Schüler gepflegt wurde. Diese Hermann Lietz-Schulen bestehen noch heute in der Bundesrepublik. Für mich war es bedingt durch den Stellenwechsel meines Vaters nur eine von vielen Schulen, die ich durchlief und deren Gemeinschaftsleben mich so begeisterte, daß das Lernen zu kurz kam. Ich lag zuviel auf dem Wasser und segelte, mit meinem älteren Freund Alfred Haesler, bis mich meine Eltern zurückholten. Obwohl mäßig fleißig, bin ich doch immer über die Runden gekommen und habe (nach Sorau, Haubinda bei Hildburghausen und Spiekeroog) in fälliger Zeit mein Abitur an der Städtischen Oberschule in Bautzen gemacht.

Auch unsere Berufswahl war mehr oder weniger umständebedingt. Mein Bruder wollte gerne Ingenieur werden, ich selbst fühlte mich gleichermaßen zum Wasser wie auch mütterlicherseits zur Medizin hingezogen. Ein Studium aber hätten unsere Eltern nie ermöglichen können, bei Landwirten war das Bargeld immer knapp. Die Tatsache, daß unser Gutsnachbar Ihssen einstmals Marineoffizier gewesen war, sprach für sich, und der Wunsch, den Eltern schnellstens von der Tasche zu kommen, gab den Ausschlag. Meinem Bruder Gerd glückte es, 1933 als Ingenieur-Offiziersanwärter bei der Reichsmarine unterzukommen. Ich selbst, als der Jüngere, wurde am 5. April 1935 von der mittlerweile umbenannten Kriegsmarine als Seeoffiziers-Anwärter zur II. Schiffsstammabteilung der Ostsee einberufen.

Mein Vater, in diesen Dingen erfahren, gab mir einen Rat mit auf den Weg: Du kannst nichts, Du weißt nichts, Du stellst Dich von Anfang an dumm und bist hocherfreut, so viel Neues und für Dein Leben Wichtiges beigebracht zu bekommen. Und das war durchaus nicht verkehrt. Bei uns zu Hause gab es keine Generationsprobleme. Bei aller Freiheit, die wir genossen, habe ich immer auf meinen Vater gehört. Auch was die Politik betraf. Die Nationalsozialisten machten ihm Sorgen. Er erkannte sehr schnell, daß sich der neue Mann mit mehr oder weniger fragwürdigen Leuten umgab, und bemerkte drastisch: Wenn kleine Leute mit großen Ideen um sich werfen, ist immer Scheiße! Später, als sich seine Sorgen bewahrheiteten und das Unheil heraufzog, meinte er einmal: Es war falsch, daß wir Konservativen uns vornehm zurückgehalten haben, anstatt uns frühzeitig der Bewegung anzuschließen und unsern noch immer starken Einfluß geltend zu machen, ehe es zu spät war.

Das alles ist lange her. Einmal im Berufsleben, wenn man so will, haben wir die Eltern nur noch gelegentlich und in großen Abständen wiedergesehen. Zurück aber blieb die Erinnerung an eine unbeschwerte, strahlende Jugend, bis auch sie von den Zeitläufen überschattet wurde. 1945 befanden sich meine Eltern, die so oft und so weit wandern mußten, im Sudetenland. Es gelang ihnen nicht mehr zu flüchten und sich in Sicherheit zu bringen. Vielleicht wollten sie auch nicht mehr. Im Nu wurden sie von den Tschechen eingekreist. Mein Vater kam allem zuvor. Um nicht mit meiner Mutter und meiner Schwester in die Hände einer entfesselten Menschenmenge zu fallen, gab er ihnen und sich selbst den Freitod . . .

Der deutsche Sprachschatz enthält einige Redensarten, die so selbstverständlich sind, daß sie schon wie Plattitüden wirken: Jung gewohnt ist alt getan, Lehrjahre sind keine Herrenjahre, Aller Anfang ist schwer. Heute schon fast vergessen, waren sie damals noch in aller Munde, auch bei der Marine. Aber trotz der anstrengenden Grundausbildung auf dem Dänholm in Stralsund hatten wir relativ schöne und unbeschwerte drei Monate, welche die meisten von uns eher als sportliche Herausforderung empfanden. Mit unserem Korporal Jodeit kam ich gut zurecht. Häufig entspannen sich zwischen uns Dialoge, die seines breiten ostpreußischen Dialektes wegen auf den Rest der Gruppe erheiternd wirkten.
Matrose Suhren, drei Schritte vortreten! — Matrose Suhren, wissen Sie, was Sie sind? — Nein, Herr Bootsmaat — Sie sind ein Makako! Was sind Sie? — Ich bin ein Makako, Herr Bootsmaat — Matrose Suhren, das eine sage ich Ihnen, mit diesen Stiefeln blamieren Sie nicht nur unsere Korporalschaft, sondern die ganze Marine — Jawohl, Herr Bootsmaat! — Was heißt hier jawohl, wollen Sie mich verscheißern? — Nein, Herr Bootsmaat.
Die Macht des Schicksals hatte mir ein Paar Stiefel, sprich Knobelbecher, verpaßt, deren Schäfte mit der rauhen Seite nach außen angenäht und deshalb nicht blank zu kriegen waren. Das endete gewöhnlich damit, daß ich zur Strafe als Pinguin, mein Gewehr in den ausgestreckten Armen haltend und in Kniebeuge, um die Gruppe hüpfen mußte. Es kam so weit, daß ich bereits zu Beginn des Exerzierens ohne Befehl vorbeugend zu hüpfen anfing, was wiederum das Mißfallen des braven Jodeit erregte. Matrose Suhren, Sie wollen mich ja schon wieder verscheißern! — Jawohl Herr Bootsmaat, aber nein, Herr Bootsmaat! Gutmütig wie er war, machte er eines Tages meiner Qual ein Ende, indem er mich zur Kleiderkammer schleppte und die Knobelbecher umtauschen ließ. Es sind die kleinen Dinge, die uns das Leben erschweren.
Es blieb nicht beim »Links um« und »Rechts um« und »ganze Abteilung kehrt«. Lange Ausmärsche mit Biwak folgten, denen weder die Marine im allgemeinen, noch ich im besonderen Geschmack abzugewinnen vermochte. Wir wollten doch keine Infanteristen werden. Mit einem der alten und wassergekühlten Maschinengewehre jagte man uns einzeln durch eine

Sandkuhle auf die gegenüberliegende Höhe. Greift an den Feind — marsch, marsch! Matrose Suhren konnte sich ein Grinsen nicht verkneifen. Und so mußte er eine Solonummer nach der anderen geben, hin und zurück mit dem Maschinengewehr. Ein Zweikampf, der mir das Wasser aus allen Poren trieb und bei dem die anderen im Liegen zusehen durften, bis Korporal Jodeit aufgab und auch mich verpusten ließ. Jahre später hat er mir einmal im Vertrauen erklärt: Ich habe viele Rekruten ausgebildet und alle geschafft, bis auf einen — und dieser eine waren Sie!
Ich hatte ein starkes Herz und ein argloses Gemüt. Mit den Unteroffizieren kam ich gut aus. Auch auf dem Segelschulschiff *Gorch Fock*, auf dem wir die nächsten drei Monate zubrachten. Ich erinnere mich noch an den Bootsmaat Leisering, einen untersetzten Blonden, vor dem wir keine Angst zu haben brauchten, und an den Bootsmaat Kuddel Waterstrat. Dieser pflegte uns beim Klarieren des Tauwerks an Deck immer mit »Schieß rrrrund — schieß rrrrund« anzufeuern. Bis wir es ihm nachmachten und ständig vor uns hinmurmelten: Schieß rrrrund, schieß rrrrund! Verantwortlich für Ordnung an Deck war Oberbootsmann Kühn, eine in der ganzen Marine bekannte Figur, der schon den Untergang der *Niobe* überstanden hatte, mit seiner vom Genuß hochprozentiger Erfrischungen zum Kontrabaß ausgebildeten Stimme.

Die *Gorch Fock* kreuzte in der sommerlichen Ostsee, und wir jungen Leute fühlten uns großartig. Einer unserer Lieblingsplätze war das Schutznetz am Klüverbaum. Obwohl es verboten war, im Klüvernetz zu liegen, zog es uns im Dunkeln immer wieder dorthin. Man konnte so schön den Steven des Seglers beobachten, wie er das phosphoreszierende Wasser durchschnitt, und von der weiten Welt träumen. Bei den Segelmanövern hatte jeder von uns, und wir waren wohl rundherum an die zweihundert Mann, seine feste Station. Ich, als einer der Kleinsten, stand ganz oben, nämlich auf der Oberbramrah des Großmasters. Jeder Mast wollte als erster fertig sein. Wir arbeiteten immer um die Wette mit dem Fockmast.

Einmal ankerten wir unter Fehmarn, als Seegang aufkam. Ein längsseits festgemachter Kutter drohte abzureißen. Ich hatte Ankerwache, ließ mich hinunter und sicherte ihn mit einem weiteren Tampen. Als ich über die Jakobsleiter wieder zurückkletterte, lüftete eine Welle den schweren Kutter, der mein linkes Bein gegen die Bordwand quetschte. Das Bein lief blauschwarz an, und der ausgedehnte Bluterguß zwang mich ins Lazarett an Land. Es sah so aus, als ob ich den *Gorch-Fock*-Lehrgang abbrechen müßte und eine Crew zurückgestuft würde. Mit fortwährenden Bewegungsübungen, wobei neben der ärztlichen Therapie das Bein massiert und mit aller

Gewalt das Knie durchzudrücken versucht wurde, was höllische Schmerzen verursachte, vergingen drei Wochen. Dann hatte ich es mit großer Verbissenheit überstanden und bekam in Pillau wieder Anschluß an meine Crew auf dem Segelschulschiff. Zwar noch weich in den Knien, aber immerhin. Mein Korporal zeigte Verständnis und ließ es mit mir sachte angehen. Nach langsamen Enterübungen im Want war ich zu meiner Freude bald wieder voll da.

Zum Abschluß unserer praktischen Bordausbildung segelte die *Gorch Fock* bis zu den Orkney-Inseln. In einer Nacht briste es auf, so daß die oberen Segel geborgen werden mußten. Unter den gegebenen Umständen wäre das nur etwas für Unteroffiziere gewesen. Um deren Nachtruhe aber nicht zu stören, gingen vier von uns Neulingen, darunter auch ich, mit den drei Maaten der Wache in Sturm und Dunkelheit nach oben. Erst in den Fockmast, dann in den Großtopp, und mit vereinten Kräften wurden die wild schlagenden Lappen gebändigt. Das brachte uns Vieren am Ende noch ein dickes Lob ein.

Und doch, obgleich mir die Zeit an Bord der *Gorch Fock* viel Spaß gemacht hatte, wird die Erinnerung daran durch ein nachhaltiges Ereignis getrübt, das meiner Arglosigkeit einen bösen Stoß versetzte. Wir hatten anfangs noch Waffenröcke getragen, deren enge Kragen am Halse scheuerten und meine empfindliche Haut röteten. Die Sonne tat ein übriges und brannte den Rand dunkel, fast schwarz. Eines Tages waren wir zur Reinlichkeitsmusterung im Matrosenanzug angetreten. Ich war froh über den offenen Hals, vergaß aber den dunklen Streifen. Mein Divisionsoffizer warf nur einen flüchtigen Blick darauf, ließ mich vor die Front kommen und erklärte den grinsenden Zuhörern, ich sei ein großes Schwein, das sich nicht ordentlich wasche. Ich war wie vom Donner gerührt. Zum erstenmal fühlte ich mich ungerecht behandelt, mehr noch, in meiner Ehre gekränkt. Noch dazu von einem Offizier.
Hilfesuchend wandte ich mich an meinen Korporal Leisering. Ich sagte ihm, wir könnten mit Bimsstein unter die Dusche gehen und den Rand wegzurubbeln versuchen. Er entgegnete, das brauchen wir nicht zu tun, er wisse auch so, was das sei. Mir kamen vor Zorn fast die Tränen, und ich beharrte: Herr Bootsmaat, für mich ist dieser öffentliche Tadel ehrenrührig. Leisering blieb ganz ruhig: Komm, Suhren, Du machst Deine Sache hier prima, und alles andere ist unwichtig, laß ihn doch reden. Seine sachliche Haltung tat mir wohl, aber meine menschliche Würde hatte gelitten, und ich nahm mir vor, niemals einen Untergebenen leichtfertig zu beleidigen und zu verletzen.

Daß wir insgesamt nichts taugten, wurde uns gewohnheitsmäßig klargemacht, deshalb nahmen wir die Ansprache des Kommandanten auch gelassen hin, die in der Feststellung gipfelte: Wenn Ihre Leistungen so glänzend wären wie der Verbrauch von Klosettpapier, könnten wir alle vollauf zufrieden sein!

Die Romantik des Segelschiffes und die Faszination der Seefahrt an sich hatten uns über dieses und ähnliches hinwegsehen lassen. Schließlich wird nichts so heiß gegessen, wie es gekocht wird. Indessen ahnte ich allmählich doch, wie die Dinge in Wirklichkeit lagen. Als Offiziersanwärter unterstanden wir der Bildungsinspektion, besser Ausbildungsinspektion, kurz BI genannt. Es war deren Bestreben, den Nachwuchs nicht nur auszubilden, sondern darüber hinaus ihn in ihrem Sinne zu erziehen. Anstatt seinen Individualismus anzuerkennen und entsprechend einzusetzen, sollte der junge Mensch, gelinde gesagt, genormt und neu geformt werden. Die Offiziere der BI suchten persönliche Erfolge zu verbuchen und überboten sich gegenseitig im Bemühen, den Nachwuchs zu beeinflussen, beziehungsweise zu dressieren. Ihre Gruppe, ihr Zug, ihre Kompanie, ihre Division sollte in jeder Hinsicht die beste sein, damit etwas von diesem Glanz auf sie selbst und ihre Karriere zurückstrahlen sollte. Ihre hochnäsigen und zugleich kleinlichen Methoden waren wohl dazu angetan, Paradesoldaten zu schaffen — aber war das der Sinn?

Das gute Verhältnis zu den Unteroffizieren auf die Offiziere der BI zu übertragen, gelang mir nicht. Der Zwischenfall auf der *Gorch Fock* war nur ein erster Schreckschuß gewesen. Anscheinend wirkte mein bloßes Auftreten schon provozierend, zumal ich als einer der Kleinsten alles andere als ein Duckmäuser war und mich nicht brechen ließ. Ich war ich und wollte so bleiben. Gewiß, als Offiziersanwärter sollte ich einmal in ihrem Korps aufgehen. Dieses Korps war zur damaligen Zeit aber nicht mein Korps. Das war aus meiner Sicht ein . . ., nun, ich möchte nicht deutlicher werden. Und ich, vielleicht sogar wir alle, waren umgekehrt für die Herren von der BI, die sich ohnehin immer die besten Stellen zu verschaffen wußten, durchaus noch keine angehenden Kameraden, vielmehr Unfertige, ja sogar Fremde, deren Neigungen es zu bekämpfen galt. Nein, schwor ich mir im stillen, niemals wollte ich so werden wie diese —, diese —.

Im September 1935 wurden wir zu Seekadetten ernannt und auf die *Emden* kommandiert, die mit uns eine neunmonatige Auslandsreise antrat: Azoren, Bermudas, Karibik, Westküste USA und Hawai. Wovon wir allerdings zusammengenommen nicht viel gesehen haben.

Der Rahmen des Schulkreuzers war ein anderer, voll Schiffs- und Waffentechnik, die Erfahrungen aber blieben die gleichen. Wir Kadetten wurden hart herangenommen, härter als früher, härter als die Mannschaften. Jung und sportlich eingestellt, hatten wir dagegen nichts einzuwenden und vermuteten dahinter eher ein Zugeständnis an das Dritte Reich. Etwas anderes machte uns mehr zu schaffen. Die Besatzung war in zwei Kadettenwachen und in zwei Mannschaftswachen eingeteilt, die sich normalerweise turnusmäßig hätten ablösen müssen. Aber da man, wie man uns nachsichtig erklärte, mehr Zeit für die Ausbildung gewinnen wollte, gingen in See die Mannschaftsdivisionen alle Wachen, und wir Seekadetten zogen dafür im Hafen auf. Das war unüblich und stellte den Sinn der Auslandsreise des Kreuzers willkürlich auf den Kopf. Es sollten nämlich den Offiziersanwärtern neben ihrer fachlichen Ausbildung soviel wie möglich fremde Häfen, Länder und Völker gezeigt werden, um ihr Weltbild zu erweitern. Später würde sie dazu kaum noch Gelegenheit haben; denn im Gegensatz zur Handelsschiffahrt blieb der Dienst des Seeoffiziers fast ausnahmslos auf heimische und angrenzende Gewässer beschränkt. In unserem Falle war nun der Auslandskreuzer vozugsweise für die Stammbesatzung da. Sie bekam das, was man uns vorenthielt. Wir Kadetten durften im Hafen die Wachen schieben und mit dem bescheidenen Rest an Freizeit vorliebnehmen. Beispielsweise habe ich im traumhaft schönen Hawai, wo wir zwölf Tage zubrachten, ganze dreimal für wenige Stunden fremde Häfen, Länder und Völker kennengelernt.
Ich weiß noch, daß ich mich in La Guaira, dem Vorhafen von Caracas, Venezuela, mit einem jungen Mädchen verabredet hatte. Es war an einem Sonntag. Aber an eben diesem Sonntag mußte mein hervorragender Kadettenoffizer — jedenfalls äußerlich hervorragend — eine Spindmusterung ansetzen. Das war ein Erziehungsmittel besondere Güte, das seine Zeit beanspruchte und bei dem wir schließlich auf der Strecke blieben. Denn inzwischen war Dünung aufgekommen, es verkehrte kein Boot mehr, und an Land wartete meine kleine Freundin in ihrem Packard vergebens: Der Sonntag war verdorben.
In den Schleusen des Panama-Kanals war ich, eifrig wie immer, Vorhandmann an den Festmacheleinen. Es war um die Weihnachtszeit, für uns ausgesprochen heiß und relativ feucht, der Schweiß rann in Strömen. Und da, während wir uns mit den Zugleinen der E-Loks plagten, hob unser 3. Kadettenoffizer, kaum älter als wir, theatralisch die Hände: Was haben wir doch für ein Glück, als junge Menschen schon so viel zu sehen! Mir riß der Geduldsfaden und ich platzte heraus: Ich wollte, wir hätten die Schnauze schon wieder anders ’rum drin.

Für den Leutnant brach eine Welt zusammen. Er ließ sich den Crew-Ältesten kommen. Also, das sei doch ganz unerhört und schon Meuterei, und was ich mir eigentlich dächte, und ich komme zum Rapport und müsse disziplinarisch bestraft werden. Der Crew-Älteste, der wußte, daß ich aus meinem Herzen keine Mördergrube machte, lachte sich eins ins Fäustchen und konnte ihn davon abbringen.

So wurde die Sache bereinigt. Aber da der Leutnant auch noch Signaloffizier war, vergalt er es mir entsprechend. Sein Steckenpferd war das dicke Marine-Signalbuch mit Hunderten von Sprüchen, die er uns streckenweise auswendig lernen ließ. Ich dachte darüber anders und war mehr an Morsen und Winken interessiert. Wenn ich das beherrschte, und ich versuchte darin der Beste zu sein, würde ich später nicht unbedingt auf das Signalpersonal angewiesen sein, sondern in der Lage, alle Nachrichten unmittelbar mitzulesen. Dagegen das Signalbuch auswendig lernen, nee! Aber eben hierin prüfte mich der 3. Seekadettenoffizier. Ich sagte: Herr Leutnant, das lassen'se man. Mit'm Signalbuch ist das wie mit'm Telefonbuch, Sie brauchen es bloß aufzuschlagen, schon ham'se die richtige Nummer, oder etwa nicht? Und dann hatte ich meine liebe Not, trotz meiner überdurchschnittlichen Fähigkeiten im Signalwesen nicht durchzufallen.

Im weiteren Verlauf der Reise behandelte man uns Kadetten ein wenig großzügiger und ließ uns des öfteren an Land. Besonders in Portland/Oregon boten uns die gastfreundlichen Amerikaner viele Möglichkeiten. Unter anderem entsinne ich mich einer Tanzparty mit Teenagern, auf der mein Crewkamerad Hein Uphoff Kontakt mit »Baby« bekam. Genießerisch ließ er ihren Namen förmlich auf der Zunge zergehen. Leider hatte Baby eine Freundin bei sich, die Hein irgendwie loswerden wollte. Und er kam zu mir und sagte: Teddy, kannst Du mich nicht mal von der Baby-Freundin befreien und so? Ich besah mir die Freundin und schüttelte den Kopf: Hein, das ist nicht mein Typ, das kannst Du nicht von mir verlangen, nein, wirklich nicht. Da mußt Du schon selber sehen, wie Du klar kommst. Hein wurde böse und reagierte heftig. Bist Du nun mein Freund oder bist Du es nicht?

Ich entgegnete: Komm mir bitte nicht mit solchen Bolzen. Doch was war der Enderfolg? Ich ließ mich breitschlagen, sagte aber gleich zu Baby: Wenn Du morgen mit derselben Freundin kommst und nicht 'ne andere mitbringst, dir mir gefällt, ist es aus mit Hein. Darüber mußt Du Dir klar sein.

Anderntags brachte Baby eine junge Amerikanerin mit: Dolores. Nun ließ ich den Namen »Dolores« genießerisch auf der Zunge zergehen, und alles

in allem wurde es riesig nett. Als wir wieder ausliefen, verabschiedete man mich mit einem wunderschönen Foto. Das habe ich noch lange besessen, und meine spätere Ehefrau hängte es in unserer Wohnung sogar an die Wand. Das Abbild eines süßen kleinen Teenagers mit der Widmung: To my dearest Teddy from Dolores . . .
Als unser Kreuzer Baltimore/Maryland anlief, wurden wir Kadetten mit der Eisenbahn nach New York gefahren, um einen Eindruck von dieser Weltstadt mit nach Hause zu nehmen. Wir übernachteten auf einem Passagierdampfer der Hamburg-Amerika-Linie an der HAPAG-Pier in Manhatten. Im Programm gab es eine Lücke von drei Stunden, die wir durch einen Bummel auszufüllen gedachten. Es war 1936, und man machte sich Sorgen, daß uns möglicherweise Gegner des Hitler-Regimes auf der Straße belästigen würden, obwohl wir allem anderen nur nicht dem landläufigen Nazi-Bild entsprachen. Der Kadettenoffizier entließ uns mit der Mahnung, mindestens in Gruppen zu Zweien, besser noch zu Dreien oder Vieren auszugehen und pünktlich zu sein.
Doch nichts Böses geschah. Wir wurden down-town nicht im geringsten belästigt, geschweige denn angegriffen. Die Leute waren, wenn überhaupt, nur neugierig und guckten, ob wir irgendwelche Nazi-Embleme mit uns führten, Hakenkreuzbinden oder dergleichen. Wir bewegten uns ganz normal als junge Kadetten, und kein Mensch regte sich auf.
Nur einmal ging ein Farbiger neben uns her und sprach uns an. Hello, what's the German Kaiser doing? Is he in Holland, plenty Holz hacken? Ich entsann mich des Pidgin-English aus der Südsee meiner Eltern, von dem sie immer erheiternd erzählten, und erwiderte im ähnlichen Jargon: Me no sabby too muchee. Der Farbige wurde wütend: You bloody damn German, you will see the Niggers in the next war — und tauchte wieder in der Menge unter. Das war das Ungewöhnliche, das wir in Manhatten erlebten.

Mein Bruder, zwei Jahre älter als ich und zur Crew '33 gehörend, war auf dem anderen Kadettenkreuzer, der *Karlsruhe* ausgebildet worden. Ihre Reise führte sie auch nach Samoa, und so hatte mein Bruder das Glück, jene ferne Inselgruppe im Stillen Ozean kennenzulernen, auf der er 1914 das Licht der Welt erblickt hatte. Und dort erwartete ihn die Überraschung seines Lebens. Als er mit einem jungen Mädchen tanzte, musterte dieses ihn nachdenklich und meinte dann, es gäbe auf der Insel einen jungen Mann, der ungefähr gleichaltrig sei und ihm außerordentlich ähnlich sehe. Mein Bruder Gerd Suhren, neugierig geworden, fragte nun: Wie heißt er denn? Die Antwort war verblüffend: Er heißt John Suhren!

Na, sowas! Und so erfuhren wir ganz beiläufig etwas von unserem Vetter auf Samoa. Es handelte sich um den Sohn meines 1919 verstorbenen Patenonkels Reinhard Suhren und seiner samoanischen Ehefrau. Dieser, unser Vetter, hat ebenfalls Nachkommen. Und von einem seiner Söhne, der wiederum Reinhard Suhren heißt, und das in der dritten Generation, wissen wir, daß er es zu zehn Kindern gebracht hat, was wohl auf das verführerische Klima und die reizenden Frauen zurückzuführen ist. Nun, wie man sieht, ob deutsche Kolonie, ob neuseeländisches Treuhandgebiet oder unabhängig, Samoa ist noch immer fest in Suhrens Hand.

III.

Die Marineschule Mürwik ist ein roter Backsteinbau und ähnelt in der Pseudogotik aus Kaisers Zeiten einer Ordensburg. Vom Steilufer der Flensburger Förde schaut ihre imposante Fassade sinngemäß übers große Wasser in die Ferne: Volldampf voraus! Doch damit ist es nicht weit her. Schon nach wenigen Kilometern endet der Blick ins Weite am jenseitigen grünen dänischen Ufer.

Aus war es mit den Hula-Hula-Klängen auf Hawai, für uns reichte es allenfalls noch zu einem Kantus in der Kantine. Denn nach *Gorch Fock* und Auslandskreuzer waren wir, die Crew '35, im Sommer hier eingezogen, wo schon Generationen von angehenden Marineoffizieren ihr geistiges Wissen bezogen hatten: Mathematik, Navigation, Seeverkehrsrecht und Taktik, Schiffbau und Waffenkunde, Sprachen und einiges mehr. Äußerlich hatten wir uns sichtlich verändert. Der Kieler Knabenanzug mit der Wäsche hinten, daß heißt die Matrosenuniform, gehörte der Vergangenheit an. Jetzt trugen wir Oberhemd und Binder, ein Jacket mit einem schmalen silbernen Schulterstück und eine Schirmmütze, von Mai bis September weiß, im Winterhalbjahr blau, wie es sich gehört. Dazu den Marinedolch, allerdings ohne Portepee. Wir waren Fähnriche geworden. Ein Fähnrich ohne Portepee war einem Unteroffizier gleichrangig und hatte noch nicht viel zu bestellen, dafür noch viel zu lernen.

Die Crew '35 umfaßte über 400 junge Leute aller Laufbahnen. Wir waren in vier Kompanien unterteilt, in Züge, Gruppen bzw. Lehrgruppen, und auf der Marineschule herrschte ein ganz lebhafter Betrieb. Ich entsinne mich nicht mehr besonderer Einzelheiten, aber doch an einige erwähnenswerte Kernsätze, die man verzapfte. Zum Beispiel: Als sich der deutsche Kaiser 1905 in den Schiffbau einmischte, ging es mit diesem rapide bergab. Oder: Ich habe beobachtet, daß nur die Guten, die Braven, die Folgsamen in der Marine etwas werden. . .

Letzteres wiederum erinnerte fatal an die »Zehn Pflichten des deutschen Soldaten«, die damals ausgedruckt in jeder Rekrutenstube hingen und unser Vorbild als »selbstbewußt und doch bescheiden, furchtlos und treu« hinstellten, dem es nachzueifern galt.

Unser Lehrer im Artillerie-Schießen, für das ich mich sehr interessierte, war Kanonen-Willi. Er mußte in der Skagerrak-Schlacht Artillerieoffizier gewesen sein und erzählte sehr anschaulich davon, auch daß er in der allgemeinen Aufregung vergessen hatte, auf Panzersprenggranaten vom Auf-

schlagzünder auf Bodenzünder überzugehen, was ihre Durchschlagskraft verringern ließ. An dieser Stelle schlich sich jedesmal ein Zittern in seine Stimme ob der dadurch verpaßten Gelegenheit, die bösen Briten um ein weiteres Schlachtschiff gebracht zu haben.
Trotz dieser eher professionellen Gegnerschaft war Kanonen-Willi mit einer Engländerin verheiratet. Dadurch geriet er bei Ausbruch des Krieges 1939 in eine tragische Konfliktsituation. Er verurteilte die abermaligen Feindseligkeiten und äußerte unverholen mehrfach sein Mißfallen. Leider tat er das einmal zu oft und war plötzlich kopflos.
Noch ein Wort zur Bewertung der Diensttüchtigkeit auf der Marineschule. Es gab Zensuren von 1 bis 9 (9 war der Idealfall). Ab 5 zählte man erst, wer darunter lag, war unmöglich; denn er konnte die Seeoffiziers-Hauptprüfung nicht bestehen. Nun, eine 5 zu erreichen galt als normal und bereitete keine allzu großen Schwierigkeiten. Einer der Ausbildungsoffiziere der BI konnte es sich allerdings nicht verkneifen, selbstherrlich zu bemerken: Bei mir will sogar eine 3 erkämpft sein! In den einzelnen Lehrfächern gab es noch besondere Fachnoten. Diese wurden am Ende des Dreivierteljahres mit der Diensttüchtigkeit multipliziert, und so wurde am Ende das Gesamtergebnis errechnet. Die Endsumme bestimmte das weitere Fortkommen in der Marine und war daher außerordentlich wichtig. Wer eine hohe Hausnummer erreichte, lag in der Reihenfolge seines Jahrgangs obenan.
Diese Methode schien auf den ersten Blick objektive und zuverlässige Beurteilungen der angehenden Marineoffiziere zu versprechen. Leider aber war sie, wie alle derartigen zensurbedingten Verfahren, persönlicher Willkür und Ranküne einzelner Vorgesetzter unterworfen, die zu fragwürdigen Ergebnissen führen und das Bild verfälschen konnten. Wessen Nase dem Vorgesetzten nicht gefiel, der trug den Schaden davon, was letzten Endes der Marine selbst schadete. Was mich betraf, so hatte ich eine relativ hohe Diensttüchtigkeit von 7,5 und nichts zu befürchten.

Und dann kam Rosenmontag! Da wir auch Rheinländer unter uns hatten und mit zwanzig Jahren überhaupt keine Kinder von Traurigkeit waren, sollte der Karneval auch in Deutschlands Norden mit gebührender Fröhlichkeit gefeiert werden. Alle Fähnrichskompanien wurden bis 6.00 Uhr früh beurlaubt. Nur unser famoser Kompaniechef wollte sich durch strengre Dienstauffassung hervortun, hatte den Urlaub um eine Stunde gekürzt und die Rückkehr auf 5.00 Uhr festgesetzt. Ich hatte mich den Kameraden einer anderen, glücklicheren Kompanie angeschlossen und war mit ihnen nach Flensburg unterwegs. Nur zu gerne ließen sich die jungen Damen von den Fähnrichen über die Tanzfläche schwingen. Bier, Wein und Sekt flos-

sen reichlich, warum ist es am Rhein so schön, und die Zeit verging wie im Fluge. Ich hatte vollkommen vergessen, daß meine Kameraden länger Urlaub hatten. Als ich wie zufällig auf die Uhr sah, war es kurz vor 5.00 Uhr. Ein Schreck durchfuhr mich.
Hastig verließ ich das Lokal, suchte vergeblich nach einer Taxe und begann einen Dauerlauf in Richtung Mürwik. Unterwegs überholte mich die erste Straßenbahn, die ich gerade noch zu fassen bekam. Aber es war schon spät, erst wenige Minuten nach 5.00 Uhr morgens passierte ich das Tor der Marineschule. Dort stand schon ein eifriger Gruppenoffizier mit der Uhr in der Hand: Wo kommen Sie jetzt her? Meine Antwort war klar und einfach: Vom Karneval. Seine süßsaure Entgegnung auch: So, so —, na, dann morgen zum Rapport beim Kompaniechef wegen Urlaubsüberschreitung.
Meine heitere Stimmung — einmal im Jahr ist schließlich nur Karneval und Rosenmontag — wich tiefer Niedergeschlagenheit. Für mich war es jetzt schon Aschermittwoch. Wir standen wenige Wochen vor der Seeoffiziers-Hauptpfrüfung, und die Auswirkungen waren nicht abzusehen. Um sozusagen meine Seele zu retten, versuchte ich mit dem Wachhabenden und dem Urlaubsbuch etwas zu klarieren. Das wurde mir besonders angekreidet und wie noch nie breitgetreten, als ich anderntags vor dem Kompaniechef stand: ein sorgenvoller, kleiner Zwanzigjähriger.
Offensichtlich wirkte meine bloße Erscheinung auf manche Leute schon wie das sprichwörtliche rote Tuch. Man kann sich kaum vorstellen, welche Abneigung, ja fast schon Haß der Herr Korvettenkapitän mir entgegenbrachte. Meine Kameraden hätten hören sollen, was der aufgeblasene Fatzke mir alles andichtete. Also, ich war das schlechteste Individuum, was man sich denken konnte. Der Schweiß brach mir aus, und ich zitterte am ganzen Körper. Zum Schluß schaltete ich die Ohren ab, weil sich alles in mir gegen diese Vorwürfe wehrte.
Und die ganze Zeit stand mein Gruppenoffizier neben mir, ohne etwas zu sagen. Er, der mich an sich gut beurteilt hatte, nahm das alles für einen seiner ihm anvertrauten Fähnriche wiederspruchslos hin und legte auch kein gutes Wort für mich ein, als der Kompaniechef mir zu guter Letzt fünf Tage Arrest aufbrummte. Das brachte mich noch mehr in Harnisch. Als ich meine fünf Tage weg hatte, drehte ich mich zu ihm hin und knirschte: Die Hälfte davon gebührt eigentlich Ihnen, Herr Kapitänleutnant! Und raus war ich, ehe sich die beiden von ihrer Überraschung erholen konnten.
Das Schlimmste kam aber noch. Meine Diensttüchtigkeitsnote wurde von 7,5 auf 4 heruntergedrückt, wobei mein feiner Gruppenoffizier hämisch bemerkte: Wenn Sie sich große Mühe geben, werden wir uns überlegen, ob

wir Ihnen eine 5 geben können und Sie mit dieser 5 so eben und eben noch die Offiziers-Hauptprüfung schaffen.
Ich hatte fünf Tage Zeit, darüber nachzudenken. Als ich mich danach zornig und ungebrochen zurückmeldete, schien er irgendwie enttäuscht. Ihnen scheint die Arreststrafe innerlich nicht sehr nahegegangen zu sein, bemerkte er spitz.
Diesmal nahm ich kein Blatt vor den Mund. Herr Kapitänleutnant, ich sehe durchaus ein, daß man pünktlich sein muß. Aber warum hat man unserer Kompanie nur bis 5.00 Uhr beurlaubt und alle anderen bis um 6.00 Uhr. Sowas ist doch eine direkte Herausforderung, sind wir denn schlechter als die andern? Und was mich persönlich betrifft — und hier schwoll mir der Kamm — wenn ich vorher einer der Besten in ihrer Gruppe war und eine hohe Diensttüchtigkeit von 7,5 hatte, die wegen einer Lappalie von wenigen Minuten im Karneval auf 4 herabgesetzt wurde, ist das etwa angemessen? Und da soll ich auch noch in mich gehen? Wie stellen Sie sich das vor? Ich bin nicht umsonst ein tüchtiger Rekrut gewesen und habe auf *Gorch Fock* und auf der *Emden* meinen Dienst getan, um hier wegen einer Kleinigkeit in meiner militärischen Laufbahn quasi vernichtet zu werden. Das sehe ich nicht ein.
Der Haken war nämlich nicht die Arreststrafe, die sitzt man auf einer Arschbacke ab, wohl aber die Zensuren. Verringert sich die Diensttüchtigkeitsziffer, so wirkt sich das automatisch auch auf die einzelnen Fachnoten mindernd aus. Diese werden allesamt wenigstens eine Stufe schlechter. Schließlich rutscht man, auch wenn man wie ich bisher einer der Besten war, fast bis ans Ende seiner Crew, was dazu noch aus der Rangliste zu ersehen ist. Und damit war man dann, wie es so schön hieß, in Marinekreisen kaum noch heiratswürdig. Ein Blick in die Rangliste genügte, um den eventuellen Schwiegervater die Hände überm Kopf zusammenschlagen zu lassen: Um Himmelswillen, Mädchen, nimm bloß den nicht, aus dem wird doch nichts. Und damit hatte es sich dann. Womit nicht gesagt werden soll, daß eine Heirat in Marinekreisen nun ein und alles wäre.
Die Seeoffiziers-Hauptprüfung habe ich zwar bestanden. Als einen der Besten auf der Marineschule konnten sie mich nicht ganz fallenlassen, was sie wohl liebend gerne getan hätten. Dafür haben mich meine Konduite und die sich daraus ergebenden ungerechten Anscheißereien der BI-Herren bis zur 1. Zerstörer-Division begleitet, wo ich schließlich im Herbst 1937 auf *Max Schultz* zur weiteren praktischen Bordausbildung landete.
Meinen Gruppenoffizier von der Marineschule habe ich übrigens im Kriege wiedergetroffen. Da war ich ihm schon gleichgestellt, hoch dekoriert.

Er lag mit seinem U-Boot auf Heimatkurs, wegen Bauchschmerzen, und ich nahm ihm noch vier Torpedos ab. Doch davon später.

Die 1. Zerstörer-Division lag in Swinemünde und bestand aus vier Einheiten: *Leberecht Maaß, Max Schultz, Richard Beitzen* und *Georg Thiele*.
Der Kommandant meines Zerstörers *Max Schultz* war früher Kadettenoffizer auf Kreuzer *Karlsruhe* gewesen und benahm sich uns Fähnrichen gegenüber auch so. Ich war bei ihm schon von vornherein unten durch, und er wartete wohl nur auf die Gelegenheit, um es mir zu zeigen. Die kam bald. Mir unterstanden die Beiboote des Zerstörers, das heißt Verkehrsboot und Pinnas. Somit war ich auch verantwortlich für den Einsatz der Boote, die vom Liegeplatz in Ostwine nach Swinemünde hinüberfuhren, wo die Verheirateten wohnten. Das war ein ganzes Ende über die breite Swine. An jenem Tage war der Obersteuermann Offizier vom Dienst. Und ein Feldwebel nach dem anderen benutzte die Pinnas für sich alleine, so daß ich den Obersteuermann bat: Könnten sich Ihre Kameraden nicht zusammentun, so daß unser Boot nur einmal zu fahren braucht, anstatt fünfmal den Brennstoff zu verqualmen. Der also Gefragte hatte nichts Eiligeres zu tun, als dem Kommandanten zu melden, ich hätte seine Befehle verweigert. Da der Kommandant von Navigation nichts verstand und auf den Obersteuermann angewiesen war und da er obendrein von der Bildungsinspektion kam und ein Auge auf mich geworfen hatte, war für mich wieder einmal der Ofen aus. Ich kam überhaupt nicht zu Wort. Und einmal angefangen, hat er mich im Laufe der nächsten Monate regelrecht zur Sau gemacht, grob gesprochen.
Ein andermal lief die Flottille zum Kling-Scheibenschießen nach See aus. Die Klingscheibe ist ein Floß mit einer Metallplatte. Sie wird mit Kanonen beschossen, in deren Seelenachse ein Gewehr montiert ist. Man spart auf diese Weise Granaten, zielt trotzdem und bei jedem Treffer macht es Kling –! Daher der Name. Als Chef der Boote saß ich in der Barkass, welche die Scheibe schleppte. Der Zerstörer *Richard Beitzen* war vor uns mit dem Schießen fertig geworden und zog mit hoher Fahrt rauschend davon. In der von ihm aufgewühlten See fiel die Klingscheibe um. Es war kurz vor der Abenddämmerung, und wenn es mir nicht gelang, die Scheibe sofort wieder aufzurichten, war unser eigener Anlauf nicht mehr zu retten und der Tag verloren.
Ich drehte um und fuhr mit einem Maaten als Bootssteuerer schnellstens zur Unfallstelle. Im gleichen Augenblick, als ich die Scheibe mit einem Bootshaken wieder aufrichten wollte, gab der Maat rückwärts, was ich ausdrücklich untersagt hatte. Schon hatte sich die Schleppleine um die Schrau-

be gewickelt, das Boot wurde manöverierunfähig. Was nun? Es war im November und ziemlich kühl. Um die Situation nicht noch zu verschlimmern, bin ich in voller Uniform dreimal getaucht und habe versucht, die Schraube zu klarieren. Umsonst —, ein weiteres Boot mußte zu Wasser gelassen werden und uns samt Scheibe abschleppen. Zum Schießen kamen wir nicht mehr.

An Bord wurde ich vom Kommandanten entsprechend empfangen. Ich sei das größte Rindvieh, das es auf der Welt gebe, und was er dergleichen noch auf Lager hatte. Mir blieb nichts anderes übrig, als ihm mit dem üblichen »Jawohl« beizupflichten. Außerdem war mir das Mißgeschick selber peinlich. Während ich mir noch trockene Kleidung anzog, ließ mich der Erste Offizier zu sich rufen. Ach, du lieber Gott, auch das noch! Aber es verlief ganz anders als erwartet. Kapitänleutnant Freiherr von Bechtolsheim-Mauchenheim empfing mich in seiner Kammer. Nehmen Sie doch Platz, Fähnrich Suhren. Ich habe alles durchs Glas beobachtet, Ihr Tauchen hat mir imponiert. Das mit dem Tampen in der Schraube kann jedem mal passieren. Nur ist es für Sie im Hinblick auf das Ansehen, das Sie beim Kommandanten genießen — und hier warf er mir einen vielsagenden Blick zu — doch sehr schlecht. Aber Kopf hoch! Und damit Sie sich erst einmal aufwärmen, lade ich Sie hiermit zu einem steifen Grog ein.

Ich muß schon sagen, ich war so dankbar und gerührt wie ein ständig geprügelter Hund, den endlich einmal jemand streichelt. Wie wohl mir das tat! Nun hatte ich doch wenigstens einen auf meiner Seite. Und dazu noch den Eins 0.

Und den konnte ich auch brauchen; denn das Unglück schritt wieder einmal schnell. Es war beim nächtlichen Kaliberschießen der Division. Alle vier Zerstörer schossen mit ihren 12,7-Zentimeter-Kanonen auf ein Zielschiff, ich glaube es war die alte *Hannover*. Diesmal wurden scharfe, detonierende Granaten verfeuert, und es knallte ganz schön. Immer feste druff, was das Zeug hielt. Der Panzer des abgetakelten Linienschiffes glühte von den vielen Aufschlägen. Wir waren der dritte Zerstörer und so nahe dran, daß unser aufs Ziel gerichtete Scheinwerfer nur noch einen bloßen Fleck von geringem Durchmesser machte. Der Scheinwerfer wurde von meinem Crewkamerad Kolbe bedient, dem Sohn von Admiral Kolbe, dem damaligen Chef der Aufklärungsstreitkräfte. Ich stand hinter dem Zielgerät in der Brückennock, mich konnte keiner sehen. Und die *Hannover* glühte und glühte von den Salven und wäre auch ohne den blassen Scheinwerfer voll zu sehen gewesen. Ich stand, nichts Böses ahnend, und wurde plötzlich laut zurechtgewiesen: Platz frei für Scheinwerferoffizier! Na, da hörte sich doch alles auf, ich war dem doch nicht im Wege. Kolbe, erwiderte ich, was ist

mit Dir los, Du hast wohl den Arsch offen, hälst Du die Schnauze. Aber da kam es schon wieder: Suhren, Platz frei! Das bekam natürlich auch der Kommandant mit, und schon gings los: Suhren, scheren Sie sich da weg, was fällt Ihnen überhaupt ein, und mehr dergleichen. Also geschah es, ich kletterte noch ein Deck höher, wo ich nicht mehr gefährlich werden konnte.
Es waren aber viele Gäste an Bord, die dem Schießen beiwohnten, und Kolbe hatte immer versucht, denen beizubringen, daß er der Sohn des Admirals Kolbe sei. Dem glaubte ich helfen zu können, beugte mich über das Schanzkleid vom Artillerieleitstand und sagte so gedehnt und deutlich wie möglich: Na, Fähnrich Kolbe, können' se denn jetzt was sehen?
Ach, du lieber Himmel, ach, du kriegst die Tür nicht zu, es kam, wie es kommen mußte. Der Läufer vom Alten stieg atemlos herauf: Herr Fähnrich möchten sich sofort unten beim Kommandanten melden.
Ich hin: Zur Stelle! Der Kommandant war noch kleiner als ich, stand über mir auf einer hohen Holzgräting, und seine Stimme überschlug sich fast vor Wut: Sie unverschämter Fähnrich Sie, was glauben Sie wohl, wen Sie vor sich haben —, was denken Sie sich eigentlich, wo Sie sind —? Die Suada endete wie üblich mit einem gebrüllten: Melden Sie sich morgen zum Rapport!
Von einem Augenblick zum andern umgab mich eisiges Schweigen. Ich war verfemt, ich hatte die Pest. Die Offiziere — Leutnante, Oberleutnante, allesamt von der Bildungsinspektion — setzten sich nicht mehr mit mir an einen Tisch. Für die war ich noch weniger als Luft.
Mein einziger Freund war der Erste Offizier, Freiherr von Bechtolsheim-Mauchenheim. Der kam zu mir: Suhren, nun sagen Sie mal, was war denn da eigentlich los? Und wollte sich schier totlachen. Ich entgegnete betrübt, daß ich es nur gut gemeint hätte und die Gäste auf den Fähnrich Kolbe aufmerksam machen wollte.
Aha —, wissen Sie, was der Kommandant zu mir äußerte: Stellen Sie sich vor, der Suhren, der hat mich nachgeäfft — und das vor allen Leuten.
Aber Herr Kapitänleutnant, entgegnete ich, das würde ich nie wagen. Das habe ich wirklich nicht getan, das schwöre ich.
Von Bechtolsheim griente: Na, da sind wir ja gespannt auf den Rapport morgen. Ich bin aber dabei, setzte er hinzu, um mich zu beruhigen.
Der Rapport begann schlimm genug und kam sogleich auf volle Touren. Der Alte schrie mich an: Wenn ich zufällig nicht Ihren Bruder kennen würde, der ein ausgezeichneter Offizier geworden ist, dann flögen Sie noch heute aus der Marine raus!
Das war starker Toback. Jetzt mischte sich auch der Eins 0. ein, dem das Lachen vergangen war. Herr Kapitän, sagte er fest, ich möchte den Teddy

entschieden in Schutz nehmen. Der hat mit seinem Gerede keine böse Absicht Ihnen gegenüber verbunden, sondern wollte nur unsere Gäste auf den Sohn von Admiral Kolbe hinweisen.
Als das Wort Admiral fiel, wurde der Kommandant schon ruhiger. Er ließ sich das alles ausführlich erzählen, bestrafte mich aber schließlich doch noch mit sechs Wochen Ausgangsbeschränkung. Das war nicht ganz so arg, verdarb mir aber die schönen Wochenenden. Ich pflegte die Wochenenden immer bei meinem Freund Hufnagel zu verbringen. Es war der gleiche Hufnagel, der unter meinem Vater auf den Sächsischen Versuchsgütern als Inspektor gedient hatte. Nun leitete Hufnagel das Staatliche Remonteamt Ferdinandshof in der Gegend von Stettin. Ich konnte bei ihm nach Herzenslust reiten oder im Kutschwagen durch die Wälder fahren und alle Unbill vergessen. Damit war es einstweilen vorbei.
Immerhin war ich noch einmal davongekommen, hatte im Ersten Offizier einen verständnisvollen Vorgesetzten gefunden und versuchte mein Bestes. Trotzdem aber wurde ich meines Lebens nicht mehr froh. Die ständigen Mißverständnisse und Herabsetzungen zeigten jetzt ihre Wirkung. Sie machten mich mutlos und ließen mich resignieren. Mit mir war nichts mehr los; meine Konduite, die mich von der Marineschule begleitete, hing mir immer an. Ich war kein Paradesoldat, mit dem man Staat machen konnte. Ob ich mir auch noch so große Mühe gab, der Kommandant hatte immer etwas an mir auszusetzen, und am Ende ging alles schief.

Jener Maat, mit dem ich einmal darüber sprach, hatte sicher recht, wenn er die Situation in seinem Berliner Dialekt folgendermaßen zusammenfaßte: Fähnrich, det will ick Dir sagen, wenn de erst einmal verschissen hast, dann hilft Dir nischt, dann haste immer verschissen. Denn kannste allens bestens, aber auch allerbestens machen, det niemand nischt mehr findet. Und am Ende scheißt der Alte Dir doch an, weil de ihm de Deckswarzen zu tief ins Eisendeck trittst.

Es wurde Weihnachten. Während der Feiertage kam unsere Beförderung zum Oberfähnrich heraus, mit Wirkung vom 1. Januar 1938. Auch das half mir nicht mehr viel weiter, meine Freude war dahin. Zu Hause traf ich meinen Bruder, der bereits Leutnant war, und erklärte ihm unter vier Augen: Gerd, ich habe vor, um meinen Abschied zu bitten . . .
Mein Bruder erschrak. Um Gotteswillen, das geht doch nicht, das darfst Du unseren Eltern nicht antun. Sieh doch zu, daß Du durchstehst.
Ich blieb beharrlich. Es ist einfach so, daß ich für mich in der Marine keine Chance mehr sehe. Die Herren von der BI, diese Armleuchter, die haben mich fertiggemacht. Mein jetziger Kommandant, der auf mir herumtritt,

wo er nur kann, sie alle, sie haben mich so fertiggemacht, daß kein Hund mehr ein Stück Brot von mir annimmt, glaube mir!
Ach was, wandte mein Bruder ein, Deinen jetzigen Kommandanten, den mußt Du ganz anders nehmen.
Ich sah ihn ratlos an. Ja, aber wie soll ich ihn denn nehmen? Ich kann machen, was ich will, es haut nun mal nicht hin.
Mein Bruder kramte eine Postkarte hervor. Also, paß mal auf! Wir schreiben jetzt mal an Deinen Kommandanten, der war ja mein Kadettenoffizier: Sehr geehrter Herr Kapitän, ich freue mich sehr, mit meinem Bruder Teddy die Weihnachtsfeiertage im Elternhause zu verleben. Mein Bruder Teddy erzählt so lebhaft von der Marine und wie gut es ihm auf *Max Schultz* gefällt —
Hier schrie ich auf: Das unterschreibe ich nie und nimmer!
Mein Bruder blieb ungerührt: Das unterschreibst Du, schickst noch schöne Neujahrsgrüße hinterher und hältst das Maul.
Ich unterschreibe nicht, daß es mir auf seinem Zerstörer so gut gefällt. Das kommt gar nicht in Frage.
Du unterschreibst, erklärte mein Bruder eisern. Du unterschreibst: Ihnen und Ihrer sehr verehrten Frau Gemahlin wünsche ich ein frohes Neues Jahr. Das ist alles, mehr brauchst Du nicht.
Am Ende habe ich mich überreden lassen und unterschrieben.
Die Wirkung war verblüffend. Als wir am 3. Januar vom Urlaub zurückkehrten und noch beim Umziehen waren, kreuzte auch schon der mir so wohlbekannte Läufer mit der Armbinde K auf: Herr Oberfähnrich bitte zum Kommandanten!
Mensch, Teddy, Du bist doch eben erst an Bord gekommen. Was hast Du denn nun schon wieder angestellt?
Nichts hatte ich angestellt, oder doch —. Ich dachte, ich seh nicht recht. Der Kommandant kam lächelnd auf mich zu und begrüßte mich liebenswürdig: Mein lieber Suhren, ich erwidere Ihre Neujahrswünsche aufs herzlichste und gratuliere auch zum Oberfähnrich. Ich habe wirklich nicht geahnt, daß Ihnen die Marine solchen Spaß macht — und so weiter — und so fort.
Auf die bangen Fragen meines Kameraden Jürgen Sander erklärte ich leichthin: Ich weiß nicht, was Du eigentlich willst. Er hat mir ein frohes Neues Jahr gewünscht und sich für meine Grüße bedankt. Hast Du ihm denn etwa keine Karte geschrieben?
Nee, daran habe ich überhaupt nicht gedacht. Ja, siehst Du, fuhr ich fort, das ist nun Dein Fehler, das läßt sich so leicht nicht wieder gutmachen. Neujahr ist nur einmal.

Fortan ging es mir besser. Ich war auch nicht mehr lange an Bord. Am 1. April 1938 wurde ich Leutnant zur See und gleichzeitig zur U-Boot-Waffe kommandiert. Doch irgendetwas in mir war kaputtgemacht und ist erst wieder bei der U-Boot-Waffe geheilt.
Als wir uns Jahre danach wiedersahen, gab es ein Nachspiel. Mein ehemaliger Kommandant war inzwischen Konteradmiral und Offiziers-Personalchef geworden. Er sah mich zwischen anderen stehen, stutzte überrascht und kam schnurstracks auf mich zu: Mein lieber Suhren, wie freue ich mich, Sie wiederzusehen. Wir hatten doch eine schöne Zeit auf *Max Schultz*, nicht wahr?
Aber auch ich war nicht mehr der kleine Fähnrich, sondern bereits Korvettenkapitän, hatte viele übersprungen, war mit den Schwertern zum Eichenlaub dekoriert worden und konnte schon eine Lippe riskieren.
So sah ich ihn nur groß an und sagte in die gespannte Stille hinein, gedehnt und deutlich wie seinerzeit auf dem Zerstörer: Eine schöne Zeit —? Aber Herr Admiral, für Sie vielleicht, für mich war es die beschissenste Zeit meines Lebens.
Verlegenes Schweigen ringsum. Die Zeugen zogen sich eilig zurück. Sein Lächeln erlosch schlagartig. Er verlor alle Farbe, sagte kein Wort mehr und verschwand.
Und damit sollte die Geschichte eigentlich beendet sein. Ist sie aber nicht. Wie ich schon erwähnte, war er Offiziers-Personalchef. Und so hat er sich wieder an mir gerächt, indem er mir bei meiner laufbahnmäßig fälligen Beförderung zum Kapitän zur See einen Strich durch die Rechnung machte, und ehe das korrigiert werden konnte, war der Krieg zu Ende.

IV.

Wer an U-Boote denkt, denkt gleichzeitig an Karl Dönitz, den Befehlshaber der deutschen U-Boot-Waffe des Zweiten Weltkrieges. Als ich ihn kennenlernte, war er noch Kapitän zur See und als Kommodore »Führer der U-Boote« (F.d.U.). Ich diente in der 7. U-Flottille *Wegener* und war Wachoffizier auf *U 48* unter Kapitänleutnant Herbert Schultze. Unsere Begegnung mit dem F.d.U. verlief ein wenig ungewöhnlich, außerdem wurde wieder einmal geschossen. Die Flottille machte im Sommer 1938 ein Artillerieschießen und ballerte mit der 8,8-Zentimeter auf ein ferngelenktes Zielschiff. Wir, mit *U 48*, warteten auf den sechsten Anlauf. Die Boote vor uns schossen buchstäblich unter aller Kanone. Dönitz nahm die Darbietung ab und landete schließlich übelgelaunt auf *U 48*: ein schlanker Endvierziger. Der Kommandant empfing ihn an Deck. Ich auf der Brücke meldete mich als Artillerieoffizier, worauf er lediglich bemerkte: Haben Sie einen gebrochenen Daumen? Ich guckte verstohlen an mir herunter, da hatte ich den Daumen wie einen Halbmond gespreizt und noch dazu im dicken Chromlederhandschuh. Nein, Herrn Kommodore!

Dann legen Sie ihn gefälligst an!

Deubel noch mal, das begann ja vielversprechend. Jetzt war ich mit der Donnerbüchse von *U 48* an der Reihe. Es entwickelte sich ein ausgesprochen schwieriger Anlauf mit Gegengefecht und anschließendem Drehen des Zielschiffes zum laufenden Gefecht. Man mußte mit dem Schieber schon sehr aufpassen, um die seitliche Richtung zu halten. Im Augenblick des Drehens, als sich für Augenblicke ein gutes Ziel bot, machte ich einen Treffer und rief der Geschützbedienung zu: Fünf Schuß Schnellfeuer, schnell, schnell! Die Nummer 1 am Geschütz, die den Schuß auslösen muß, guckte mich erstaunt an, anstatt zu schießen. Mein Temperament ging mit mir durch, ich sprang ungeduldig aufs Schanzkleid und schrie herunter: Mensch, rotz raus den Mist, rotz raus! Tatsächlich, wir erzielten vier Treffer, und der Flottillenchef meldete stolz: Bestes Schießen, Herr Kommodore.

Dönitz mäkelte: Imponiert mir gar nicht! Der Artillerieoffizier soll zu mir kommen.

Als ich wieder vor ihm stand, wurde ich erstmal angepfiffen. Von wegen rotz raus —. Ich solle nicht meine eigene Ausdrucksweise anbringen, sondern mich gefälligst der militärischen Sprache bedienen, die habe sich seit Jahrzehnten bewährt. Jawohl, jawohl, viel mehr zu sagen blieb mir nicht mehr. Ich muß wohl ein bedeppertes Gesicht gemacht haben; denn der Kommandant, »Vati Schultze«, meinte hinterher: Was ist los? Das hat doch nicht viel zu bedeuten. Dönitz hatte eben eine Stinkwut. Aber Du hast gut geschossen, und das ist die Hauptsache.

Das gute Ergebnis war kein Zufall. Ich war für das Artillerieschießen begabt, und das kam von meinem guten Auge. Schon während des Artillerielehrganges hatte sich mein räumliches Sehvermögen bewährt. Als zum Schluß von den Teilnehmern, wir waren damals noch Fähnriche, auf eine Schleppscheibe scharf geschossen wurde, vermochte ich genau zu erkennen, ob die Einschläge neben der Scheibe zu kurz oder zu weit lagen. Schon die dritte Salve lag treffsicher, das heißt voll im Ziel. Nun brauchte nur noch die Entfernung laufend korrigiert zu werden. Ich wunderte mich selbst, wie gut alles klappte, und war noch zufriedener, als der Chef der Schule sagte: Ich möchte den Namen des Mannes wissen, ich habe noch nie einen Fähnrich so gut schießen sehen.
Hinterher mußte man immer an einem großen vorgedruckten Schema vor allen Leuten sein Schießen erklären. Nun gibt es beim Artillerieschießen ein bestimmtes Verfahren, an das man sich zu halten hat. Ich konnte zwar dieses Verfahren infolge meiner guten Augen abkürzen und war fähig, nach eigenem Ermessen zu handeln, um schneller ans Ziel zu kommen, vergaß darüber aber, daß nicht jeder mein räumliches Sehvermögen hatte und daß das Schießverfahren für ein normales Auge gedacht war, das wohl etwas später, aber auch mit großer Sicherheit sein Ziel fand.
Kurzum, beim nachfolgenden Vortrag ließ ich wohl eine unpassende Bemerkung über das umständliche Verfahren fallen, die den ganzen Lehrgang zum Lachen brachte. Daraufhin verpaßte mir der Kommandeur der Schule coram publico einen fürchterlichen Rüffel. Er hätte geglaubt, ich sei . . , was ich aber in Wirklichkeit alles sei . . ., und zusammengenommen fehle mir überhaupt die sittliche Reife, Artillerieoffizier zu werden. Somit war ich auch bei ihm unten durch.

Meine Kommandierung zur U-Boot-Waffe erfolgte ganz ohne mein Zutun. Ich hatte wohl mal verlauten lassen, daß ich mir so etwas vorstellen könnte, doch drang das in niemandes Ohr. Im Gegenteil, meine Vorgesetzten von der Bildungsinspektion hätten mir am liebsten ein Landkommando gegeben und mich im Sande kriechen lassen. Mit dem F.d.U. und späteren Befehlshaber der Unterseeboote (B.d.U.) kam ich, ungeachtet unseres ersten Treffens, mehr als gut aus. Dönitz verfügte nicht über einen spontanen Menschenblick und die Sicherheit des ersten Eindrucks. Dafür beobachtete er seine Leute eingehend und revidierte sein Urteil, wenn er es als falsch erkannt hatte. Um es wieder gutzumachen, bevorzugte er dann leicht, und ich glaube, daß auch ich bevorzugt worden bin, nachdem sich meine hundsmiserable Konduite als nicht zutreffend herausgestellt hatte. Vielleicht kam noch hinzu, daß ich ihm gegenüber immer offen und ehrlich war, mit meiner Meinung nie hinterm Berg hielt, nichts beschönigte, nichts verdammte. Meine Ansichten und Schlußfolgerungen, die oft sehr negativ waren, hat er mir nie übelgenommen, vielmehr hoch angerechnet.

Mit dem Übergang zur U-Boot-Waffe öffnete sich mir plötzlich eine neue Welt. Es waren weniger die waffentechnischen Dinge, die mit einem speziellen Torpedobetriebs-Lehrgang in Mürwik anfingen; denn der Torpedo ist die eigentliche Waffe des Unterseebootes. Es gab mehrere Arten davon, die später weiterentwickelt wurden. Unser Standard-»Aal« war etwa vier Meter lang, hatte einen Durchmesser von 53 Zentimetern, wog anderthalb Tonnen und trug in seinem auswechselbaren Kopf mit Aufschlagpistole eine Sprengladung von 300 Kilo. Durch E-Motor und Propeller angetrieben, bewegte er sich dynamisch in einer vorher eingestellten Tiefe. Man sah diesen ölig glitzernden Stahlzigarren nicht an, daß sie in Ausnahmefällen bis zu 14 Kilometer weit laufen konnten. Der Normalfall im Nah- und Schnellschuß entsprach wesentlich kürzeren Angriffsentfernungen. Jeder Torpedo, der sein Ziel verfehlt, geht am Ende unter.

Es war auch nicht die vielzitierte Welt der Tiefe, von der hier die Rede sein soll und die wir mit dem kleinsten U-Boot-Typ, den nur 250 Tonnen großen »Einbäumen« der in Neustadt beheimateten Schulflottille kennenlernten. Einschließlich des Tauchtopfes, in dem man mit dem »Tauchretter«, einer sauerstoffgefüllten Schwimmweste, das Aussteigen aus einem gesunkenen U-Boot übte. In flachem Wasser hatte sich das schon einmal bezahlt gemacht, nämlich bei *U 18* in der Lübecker Bucht nach einer Kollision. Dem Atlantik mit seinen großen Wassertiefen entkam man dagegen kaum.

Was mich in dieser anderen Welt erwartete, waren vielmehr moralische Werte wie Verständnis, Kameradschaft, menschliches Mitgefühl, ja Herzenswärme. Ich, der ich gewohnt war, herumgestoßen zu werden, und all jene Tugenden von oben herab schon verloren geglaubt hatte, lebte auf und fühlte mich von einem Tag zum anderen in der Marine heimisch. Noch ahnte niemand, daß auch dies gewissermaßen eine Art von Scheck war, der in wenigen Jahren unter unvorstellbaren Verlusten eingelöst werden sollte . . .

Man behandelte uns hier nicht mehr wie Ignoranten, sondern sah in uns die zukünftigen U-Boot-Offiziere. Hier wurde nicht nur befohlen und herumkommandiert, sondern ganz vernünftig vorgetragen, was wir zu lernen oder zu vermeiden hatten. Auch an Bord der Schulboote mit ihrem Stammpersonal war der Ton vertraulich, so auch zwischen Kommandant und Leitendem Ingenieur. Außerdienstlich holten wir nach, was man uns früher vorenthalten hatte. Mit vier Kameraden kauften wir uns einen gebrauchten Opel, nannten ihn »Emma« und machten damit die Bäderküste bis Timmendorfer Strand und Travemünde unsicher, wo die Mädels schon jubelten: Die »Emma« ist wieder da! Einmal hatten wir eine Reifenpanne. Ein Kommandant kam vorbei und hielt an: Was habt ihr denn? Dann gab er uns seinen Reservereifen. Eine Geste, die wir überhaupt nicht gewohnt waren. Es geschah auch schon mal, daß wir bei Dienstbeginn unausgeschlafen antraten. Trotzdem machte uns niemand Vorwürfe, es ging alles prima. Eines fühlten wir bei aller oder gerade wegen aller Freiheit: Hier müssen wir uns anstrengen und arbeiten, um uns das Wohlwollen, ja, das Vertrauen dieser Vorgesetzten zu erhalten. Im Grunde schlossen wir alle miteinander Freundschaft. Während des Wachoffizier-Lehrgangs war ich auf *U 1* kommandiert und habe noch bis über den Zweiten Weltkrieg hinaus mit dem damaligen Leitenden Ing. Stahmer, der uns in praktischer Bootkunde ausbildete, in Verbindung gestanden.

Wir waren alle noch sehr jung. Die U-Boot-Waffe befand sich im Aufbau und war noch klein. Wie klein, werden wir sehen. Jeder kannte jeden. Die nach berühmten U-Boot-Kommandanten des Ersten Weltkrieges benannten Flottillen (*Weddigen, Saltzwedel, Lohse, Emsmann, Hundius, Wegener*) wurden zuweilen nochmals unterteilt, um neue Flottillen zu bilden. Das hatte zur Folge, daß letztlich alle Flottillen unvollständig waren. Der F.d.U., Dönitz, hatte sein Stabsquartier in Sengwarden bei Wilhelmshaven. Der 2. F.d.U., der damalige Kapitän und spätere Admiral von Friedeburg, saß auf dem Wohnschiff *Erwin Wassner* in Kiel. Ihm oblagen die Personalangelegenheiten, der Nachschub, kurz, er war der wichtige Quartiermeister der U-Boot-Waffe.

Nach Abschluß aller Lehrgänge wurde ich zur 7. U-Flottille *Wegener* abgeteilt und dort für *U 48* vorgesehen. Aber *U 48* war noch im Bau, stellte erst später in Dienst, so daß ich wegen der Knappheit an Wachoffizieren einstweilen an andere Boote ausgeliehen wurde, die jeweils mehrere Wochen im Atlantik übten und auf denen zwei Wachoffiziere an Bord sein mußten. Ich war dreimal als Zweiter Wachoffizier (Zwo W.O.) auf verschiedenen Unterseebooten im Atlantik: Mit *U 51* bei Heinicke, mit *U 46* bei Sohler und mit *U 47* bei Prien. Ich habe manches Torpedoschießen auf fremden

Booten mitgemacht und lernte alles mögliche kennen. Ich habe erlebt, wie die einzelnen Kommandanten ihr Boot führten, und habe auch gelernt, wie man es nicht machen soll. Eine bessere Schieß- und Wachoffiziersausbildung hat wohl kaum jemand in der U-Boot-Waffe gehabt.
Nach der letzten Atlantikfahrt, auf der Engelbert Endrass Eins W.O. war, wechselte ich auf das mittlerweile fertig gewordene *U 48* über. Und zwar ebenfalls als Eins W.O., was einer internen Beförderung gleichkam. Bei meiner Erfahrung und nach meinem Verhalten empfanden die Verantwortlichen dies als angemessen. Ich hatte mir auch allerhand zugetraut. Einmal hatte ich ein Boot nachts durch den Englischen Kanal zurückgebracht. Der Eins W.O. war unten, und ich mochte ihn nicht holen. Warum sollte ich auch, wenn ich sicher war: Das kannst du auch selber! Aber, heute kann ich es ja gestehen, damals hatten mich nur die heftigen Morsesignale der Handelsschiffe »Ändern Sie Ihren Kurs nach Backbord« davor bewahrt, daß ich das Boot nicht auf einer Sandbank unter der französischen Küste aufsetzte.
Natürlich sind alle meine Erfahrungen *U 48* zugute gekommen. Insbesondere dann, als der Kommandant, Kapitänleutnant Herbert Schultze, abgelöst wurde, um bei seiner nach der Geburt von Zwillingen dahinsiechenden Frau zu sein, und das Boot vorübergehend andere Kommandanten bekam.
Dann brach der Krieg aus, und aus den Atlantik-Übungen wurde bitterer Ernst. Um mit den Worten eines damals sehr populären Liedes zu sprechen: — denn wir fahren gegen England. Alle Boote wurden nun mit zwei Wachoffizieren besetzt. Da es hieran mangelte, griff man auf Offiziere der Crews 34 bis 32 zurück, die zum Teil noch Neulinge waren. Trotzdem wurden diese Dienstälteren als Eins W.O. anderen vor die Nase gesetzt. Mich selbst wollte man allerdings nicht mehr zurückstufen, und so blieb ich Eins W.O. Das hatte sich mein Flottillenchef ausbedungen, weil ich unter allen Komandanten, ihn einbegriffen, gut gefahren war.

Der Krieg kam nicht über Nacht. Memel- und Sudetenkrise waren ihm vorausgegangen. Der Polenkonflikt hing ebenfalls in der Luft. Das im Ersten Weltkrieg durch die deutschen Armeen von russischer Oberhoheit befreite Polen hatte durch das Diktat der Westmächte einen Zugang zur Ostsee bekommen, den polnischen Korridor, der die Provinz Ostpreußen vom Reich abtrennte. Darüber hinaus hatte sich Polen in einem Krieg gegen die Sowjets russisches Gebiet einverleibt, dazu mitten im Frieden durch Handstreich die litauische Hauptstadt Wilna annektiert. Polnische Insurgenten waren in Oberschlesien eingedrungen, aber durch deutsche

Freiwilligenformationen zurückgeschlagen worden. Die leider zu wenig beachtete Geschichte der Weimarer Republik zeigt das gespannte deutsch-polnische Verhältnis. Die territorialen Ziele Polens lagen weit im Westen, und man spielte mit dem Gedanken eines Präventiv-Krieges gegen das schwache deutsche 100.000 Mann-Heer. Nur der Umstand, daß Deutschland an die Westmächte hohe Reparationszahlungen zu leisten hatte und insbesondere England keine kriegerischen Verwicklungen wünschte, die diese Zahlungen gefährden konnten, verhinderte, daß dieser Gedanke versucht wurde, in die Tat umzusetzen. Umgekehrt wurden England und Frankreich durch das Wiedererstarken Deutschlands veranlaßt, sich 1938 mit Garantieverträgen auf die Seite Polens zu stellen, das sich sowieso Deutschland überlegen fühlte. 1936, im Jahr der Berliner Olympiade, hatte Polen das Korridorabkommen gekündigt und alle deutschen Landverbindungen nach Ostpreußen unterbrochen. Nach dem Hitler-Stalin-Pakt war alles weitere nur eine Zeitfrage.

Für die Marine kam der Krieg mit England unverhofft, obwohl Dönitz schon immer die Ansicht vertreten hatte: Wenn es tatsächlich zum Kriege kommen sollte, ist England dabei und kämpft gegen uns! Das stand zwar im Widerspruch zu dem, was Adolf Hitler dem Oberbefehlshaber der Kriegsmarine, Großadmiral Raeder, angeblich in die Hand versprochen haben sollte: Eine Krieg gegen England kommt nicht in Frage! Aber selbst wenn das seine ernste Absicht gewesen sein sollte, so zeigt es doch, daß er die Briten völlig falsch eingeschätzt hat. Sie erklärten Deutschland den Krieg.

Bei der Kriegsmarine dominierte die Vorstellung von imposanten Großkampfschiffen. Die U-Boot-Waffe rangierte so ziemlich an letzter Stelle, und wir zogen mit wenig mehr als fünfzig Booten in den Zweiten Weltkrieg. Von diesen waren nur 46 einsatzbereit und wiederum noch weniger, nämlich ganze 22, atlantikfähig. Überträgt man auf diese Situation die sachgemäße Dreiteilung, nämlich ein Drittel in der Werft, ein weiteres Drittel auf dem An- und Abmarsch, bleibt nur noch ein bescheidenes letztes Drittel von höchstens sieben Booten an der Front übrig. Tatsächlich waren es nicht einmal so viele.
Zu diesen wenigen Booten, die nun nördlich um England herumliefen und Gefechtspositionen am westlichen Kanalausgang bezogen, gehörte auch unser Boot *U 48*. Kommandant war, wie schon erwähnt, Herbert Schultze. Sein Spitzname »Vati« sagt alles. Diese unsere erste Feindfahrt war insofern bemerkenswert, weil wir noch von der Voraussetzung ausgingen, den Seekrieg nach der Prisenordnung führen zu müssen. Diese Prisenordnung war

unter Mitwirkung Englands entstanden. Der britische Admiral Sir John Fisher hatte auf der ersten Haager Konferenz über die Seekriegführung gesagt: Als Vertreter Seiner Britischen Majestät werde ich alle Verbote unterzeichnen, die man unterzeichnet haben will, aber als Führer der britischen Flotte werde ich im Kriegsfalle mit allen sich bietenden Mitteln den Sieg zu erringen versuchen. Und schon im Ersten Weltkrieg hatte sich gezeigt, daß man mit der Prisenordnung auf die Dauer keinen U-Boot-Krieg zu führen vermochte. Man konnte angesichts moderner Kommunikations- und Abwehrmittel nicht in aller Gemütsruhe auftauchen und jedes Schiff nach Bannware überprüfen.
Wir versuchten es trotzdem. Der erste Dampfer, der uns in die Quere kam, war ein Schwede. Wir näherten uns aufgetaucht und hißten am Sehrrohr das Signal: Stoppen Sie sofort! Benutzen Sie nicht Ihre Funkstation! Der Schwede tat, als merke er überhaupt nichts. Um ihm zu zeigen, daß wir es ernst meinten, ließen wir das 8,8-Zentimeter-Geschütz auf dem Vordeck besetzen und liefen mit halber Fahrt auf ihn zu. Das Boot schwang in leichter Dünung, Seegang 3. Als ich mich über das Schanzkleid der Brücke beugte, um der Geschützbedienung meine Kommandos zu geben, sah ich keinen Mann an der Kanone. Der Seegang hatte alle fortgerissen. Glücklicherweise waren sie mit Karabinerhaken angeschnallt und hingen nun links und rechts angeseilt auf den Bunkerwulsten. Der Kommandant reagierte sofort und stoppte das Boot, so daß sich die Leute wieder an Bord ziehen konnten. Der Schwede hatte allmählich begriffen, worum es ging, und drehte bei. Vati Schultze ließ ihn als Neutralen laufen.

Eines jedoch hatten wir hierbei gelernt. Nämlich, daß man im Atlantik bei höherer Fahrstufe und vielleicht noch gegen die See anlaufend, mit der Kanone nichts werden kann. Es war für die Geschützbedienung nur bei ganz ruhiger See möglich, sich auf den Beinen zu halten.

Am Mittag des nächsten Tages, es war der 5. September und ich hatte eben den Obersteuermann auf Brückenwache abgelöst, zeigten sich wieder Masten. Die Umrisse eines stattlichen Schiffes wuchsen aus dem Wasser: der britische Dampfer *Royal Sceptre*, ein Fünftausender. Der Kommandant befahl »Tauchen«. Wir verschwanden, um kurz vor dem Frachter wieder hochzukommen. Alles weitere wickelte sich wie vorgesehen ab. Signal »Stoppen Sie sofort und schicken Sie ein Boot mit Papieren!« Der Kommandant ließ der Besatzung zehn Minuten Zeit, um in die Boote zu gehen. Lange konnten wir uns in dem dichtbefahrenen Gebiet nicht aufhalten, ohne uns sozusagen Läuse in den Pelz zu setzen. Aus einer Entfernung von 600 Metern traf der Torpedo mittschiffs, und als das Schiff noch zu funken versuchte, flogen ein paar Granaten hierher. Das war das Ende. Schade um das Schöne Schiff, Herr Kaleu. Vati Schultze nickte: Ich hab' den Krieg nicht gewollt.

Duplizität der Ereignisse. Die Wogen hatten sich über der *Royal Sceptre* kaum geschlossen, und ihre Boote schaukelten noch in der Nähe, als der Ausguck erneut meldete: Dampfer querab in Sicht! Wir steuerten drauf zu, aber noch ehe wir seinen Namen entziffern konnten, es war der englische Dampfer *Browning*, ein Fünftausender der Lamport & Holt Line Liverpool, schickte er uns schon Boote entgegen. Wir glaubten unseren Augen nicht zu trauen, und mit dem Wind kam ein großes Geschrei. In dem ersten Boot saßen dicke Negermammies, die streckten uns ihre kleinen Babies entgegen und heulten zum Steinerweichen. Und die Tränen liefen ihnen übers Gesicht. Es war eine herzzerreißende Szene, wie sie um ihr Leben und um das ihrer Kinder baten.

Uns traf das alles völlig unvorbereitet. Wofür hielten die uns eigentlich? Vati Schultze, der ohnehin ein rührendes Herz hatte und wahrscheinlich an seine eigenen Zwillinge dachte, sah mich bei aller Entschlossenheit als Kommandant doch ratlos an: Großer Gott, was machen wir bloß?

Impulsiv, wie ich manchmal bin, platzte ich heraus: Ich jedenfalls torpediere den nicht! Schultze gab ebenso schnell zurück: Nee, ich auch nicht. Aber wat nu?

Nach kurzem Nachdenken setzte er hinzu: Die Bedauernswerten sind ganz offensichtlich vom Krieg überrascht worden. Schicken wir sie auf ihr Schiff zurück. Sie sollen die Schiffbrüchigen von der *Royal Sceptre* aufnehmen und die Reise fortsetzen.

Entweder war mein Englisch nicht auf der Höhe oder ihnen saß der Schreck noch in den Gliedern. In Erwartung ihres letzten Stündleins wagten sie es fürs erste noch nicht, zurück an Bord zu gehen aus Furcht, wir würden sie in die Luft jagen. Vergeblich suchten wir uns verständlich zu machen, sie trauten uns nicht. Erst als wir langsam abdrehten und ihnen zuriefen »Gebrauchen Sie nicht Ihre Funkstation«, ruderten sie eilig zurück und über das Wasser klang ihr Gospel-Gesang zu uns herüber: Jesus come back to me . . .

Alles geschah wunschgemäß. Sie funkten nicht, fuhren weiter und kamen drei Wochen später mit den Geretteten von der *Royal Sceptre* in Südamerika an.

Nach der Versenkung des britischen Dampfers *Winkleigh* am 8. September bekamen wir Rückmarschbefehl. Dabei gerieten wir an den britischen Dampfer *Firby*, wieder ein Fünftausender. Der Kapitän kam zu uns an Bord und war den Tränen nahe. Das berührte uns eigenartig, aber wir erfuhren auch gleich die Ursache seines eigentlichen Kummers. Gegen den Rat seiner Frau hatte er seinen Sohn mit auf die Reise genommen und war nun verzweifelt, daß ihm im Boot etwas geschehen könnte. Nehmen Sie ihn doch zu sich, bat er. Nun, das war uns beim besten Willen nicht möglich, aber Vati Schultze verfiel auf einen Ausweg. Wir gaben einen Funkspruch im Klartext ab: To Mister Churchill. We just sank the British Steamer *Firby*. Please safe the crew — und dazu unsere geographische Breite und Länge. Natürlich erregte diese offenherzige Mitteilung genügend Aufsehen, und die Besatzung der *Firby* mitsamt dem Sohn des Kapitäns wurde schon bald darauf von britischen Streitkräften gerettet.

Es war also nicht so, daß wir die vom Kriege überraschten Leute einfach umgebracht haben. Wir fanden uns in ganz merkwürdige Situationen verwickelt und haben geholfen, wo es sich nur machen ließ. Alles das kam später im Stabe auch zur Sprache, ließ sich aber auf die Dauer nicht aufrechterhalten. Man sagte sich, das ist ja alles ganz gut und schön, aber so geht es einfach nicht. Wir haben jetzt Krieg, das sollte sich mittlerweile herumgesprochen haben und alle Welt zur Vorsicht mahnen, vor allem den Gegner. Es hat ihn zur Vorsicht gemahnt. Der Englische Kanal und weitere Zufahrtswege wurden durch Minen versperrt, ein Vorpostendienst wurde eingerichtet und auf die wenigen U-Boote Jagd gemacht. Und auch wir zeigten, daß es uns Ernst war.

Der Kommandant, Kapitänleutnant Schultze, war wirklich eine Seele von Mensch. Auf der Rückreise von diesem unserem ersten Unternehmen, hatten wir einen Kranken an Bord. Ein Dieselmaat wälzte sich mit Magenschmerzen stöhnend in der Koje. Auf Befragen wimmerte er nur. Ich konnte mir keinen Vers darauf machen. Vati ordnete an, daß eine Koje in der Offiziersmesse geräumt werden müsse: Einer von den W.O.'s soll umziehen, seine Koje wird gewissermaßen Lazarett! Ich nicht, erklärte ich mit Bierruhe; denn die Wehleidigkeit war mir verdächtig, ich tu's auf keinen Fall! So blieb das denn auf dem Zwo W.O., dem braven Otto Ites, hängen.

Erster, muß das sein, protestierte er schwach, ich brauch doch auch meinen ruhigen Schlaf, wechselte dann aber doch in einen anderen Raum. Jeden Morgen, wenn ich den Kranken betastete, hob das große Jammern an — is immer datsölbe! Und Vati Schultze saß da, schlug Eier in Malzbier und fabrizierte in seiner Güte Krankenschonkost. Was war er doch für'n netter Kerl.

Zwischen den Orkney- und den Shetland-Inseln kam mir eine Idee. Otto, sagte ich, gleich hat der Obersteuermann Wache, dann sind wir beide alleine in der Messe, und ich lege los und lüge das Blaue vom Himmel herunter, wie gefährlich es jetzt wird. Sollst mal sehen, wie fix der angeblich Kranke Deine Koje räumt.

Und so geschah es. Als Otto in der Messe aufkreuzte, wo der Maat sichs in der Koje gutgehen ließ, erblickte er mein sorgenvolles Gesicht. Was is'n los, Teddy?
Mensch, Otto, murmelte ich mit einem Seitenblick auf die Koje, gleich kommen wir in die Nordsee, und da ist dicke Luft. Tiefen von 50 und 60 Meter und weniger und alles vermint. Stell Dir vor, wir haben Nachricht bekommen, der Tommy hat die ganze Nordsee vermint. Wenn das man gutgeht? Bleib Du man gleich auf'm Turm, ich komme sofort nach. Ich möchte nicht hier drinnen durch einen Minentreffer ersaufen.
Pause. In der Koje fing es an zu rumoren. Otto sah mich an. Hast recht, Erster, antwortete er bedächtig, wo ist mein Tauchretter, am besten gleich die Schwimmweste umlegen. Und damit hauten wir ab. Es dauerte nicht lange, da sahen wir unseren Kranken fix und fertig angezogen, mit Schwimmweste und Tauchretter unter dem Arm, in der Zentrale stehen. Den Blick hatte er himmelwärts gerichtet. Aufs Turmluk — klar zum Aussteigen.
Siehst Du, Otto, grinste ich, jetzt kannst Du Dich getrost wieder in Deine Koje legen.

Immerhin war die Heimfahrt nicht ganz ungefährlich. Die Seekriegsleitung hatte uns vor feindlichen U-Booten im Kattegatt gewarnt. Der Kommandant entschloß sich deshalb, nur bei Dunkelheit und mit hoher Fahrt durch Kattegatt und Belt zu laufen. Zu Fünfen befanden wir uns auf der Brücke: der Alte, wir beiden W.O.s und die seemännischen Nummern 1 und 2. Wir bemerkten auch tatsächlich den Schatten eines feindlichen Bootes, aber ehe wir drehen und zum Rammen ansetzen konnten, war es auch schon wieder verschwunden. Unangefochten erreichten wir Kiel. Es gab Eiserne Kreuze.

Am 1. Oktober 1939 wurde ich Oberleutnant zur See. Der uneingeschränkte U-Boot-Krieg hatte eingesetzt, die Blockade Englands wurde verschärft. Im gleichen Monat wieder auf See, kamen uns weitere Schiffe vor die Flinte, die *U 48* auch aus Geleitzügen herausschoß: die französischen und britischen *Emile Miguet, Louisiane, Heronspool, Sneaton* und *Clan Chisholm* mit zusammen 37.000 Tonnen.
Die Sensation des Monats lieferte *U 47* unter Kapitänleutnant Günther Prien. Eins W.O. war dort noch immer Engelbert Endrass. Nach sorgfältiger Planung durch Dönitz selbst gelang dem Boot am 13. Oktober 1939 der

Einbruch in den britischen Kriegshafen Scapa Flow auf den Orkneys. Hierbei wurde das Schlachtschiff H.M.S. *Royal Oak* versenkt, wobei 833 Mann und ihr Admiral ums Leben kamen. Das trotz einiger Pannen im großen und ganzen erfolgreiche Unternehmen erregte ungeheures Aufsehen und stellte mit einem Schlage die große Bedeutung der U-Boot-Waffe heraus. Die gesamte Besatzung von *U 47* wurde nach Berlin eingeladen und der Kommandant als erster Marineoffizier mit dem Ritterkreuz ausgezeichnet. Gleichzeitig wurde der F.d.U., Kapitän zur See Dönitz, zum Admiral und Befehlshaber der Unterseeboote (B.d.U.) befördert. Es war auch eine gute Propaganda fürs Ausland; denn die britischen Verluste ließen sich nicht geheimhalten, und die BBC verbreitete schließlich die Meldung in alle Welt.

Weihnachten feierten wir auf See mit einem bescheidenen kleinen Bäumchen im Bugraum und auf der sogenannten »Tenne«.
U 48 war ein Boot vom Typ VII-B. Es wurden während des Krieges mehr als 600 Stück von diesem Typ gebaut, ein Beweis für seine Güte und Einsatzfähigkeit. Sie verdrängten 760 Tonnen, konnten 17 Knoten über Wasser laufen und hatten eine große Reichweite. Das änderte aber nichts an der Tatsache, daß das Boot nur 66,5 Meter lang und 6 Meter breit war, eine Besatzung von rund 50 Mann in einem noch kürzeren und engeren Druckkörper herumkroch und sich kaum aus dem Wege gehen konnte. Allerdings haben wir die räumliche Enge auf die Dauer nicht mehr so stark empfunden. Vom Bugraum vorne bis zum E-Maschinen- und Dieselraum mit dem Hecktorpedorohr Nr. 5 hinten durchlief man regelrecht einen schmalen Gang. Er war flankiert von Pritschen, Kabelleitungen, Ventilen und Handrädern, Rohren und Instrumenten, Funkapparaten und Elektroherd, führte an WC und Reserve-WC vorbei, war durch zwei Kugelschotten mit kreisrunden Luken unterteilt, die man gebückt zu durchklettern hatte. Auf halbem Wege, also in der Mitte, befand sich die Zentrale mit dem Kreiselkompaß, dem Schacht der zwei Sehrohre (Angriff- und Luftzielrohr), den Handrädern zum Tauchen, dem Seiten- und Tiefenruder und wichtigen Apparaten. Über ihr wie eine Glocke der Turm und das Zentralluk zum Aussteigen. Alles war aufs engste zusammengepfercht und wurde durch elektrische Lampen erhellt, deren Widerschein sich im blauen und öligen Stahl brach. Selbst der winzige »Raum« des Kommandanten war nur eine Ecke, durch bloßen Vorhang vom Gang getrennt.

Zu Beginn der Reise war es noch enger. In der Hängematte lagerten Brote, von der Decke hingen Dauerwürste herunter. Im Lokus waren Konservendosen aufeinander gestapelt. Na, guten Appetit!

Der Mannschaftsraum im Bug war noch am größten, aber er diente gleichzeitig als Torpedoraum. An der Spitze befanden sich die vier Torpedorohre, dazu die Ersatztorpedos. Und da das Boot im allgemeinen 14 Aale mit auf die Reise nahm, war es in den ersten Tagen hier drangvoll eng. Einige Aale waren unter den Bodenplatten untergebracht, Torpedo 11 und 12 darüber, letztere bedeckte eine Holzdecke, die vorerwähnte »Tenne«. Und hier wurde in gebückter Haltung Weihnachten gefeiert oder besser gesagt: gedacht . . .

An sich war im Bugraum tagsüber ohnehin kein normales Leben möglich. Solange nicht wenigstens ein oder zwei Torpedos verschossen waren und Platz gemacht hatten, konnten die Männer im Bugraum nicht einmal beim Kleiderwechseln aufrecht stehen. Und wenn man sich in das pralle Gummizeug zwängte, wobei man sich drehen und wenden mußte, warf einen das in der Atlantiksee stampfende und schlingernde Boot von einer Ecke in die andere.
Obendrein waren diese stählernen Aale komplizierte Instrumente und hatten die Eigenart, daß sie alle paar Tage aus den Rohren gezogen und vom Torpedopersonal gewartet werden mußten, auch die ruhenden. Dabei ergaben sich diverse Verlagerungen. Wurde der links unten liegende bearbeitet, mußte ein anderer mit Ketten und Flaschenzügen nach rechts oben gehievt werden oder ähnlich. Bei bewegter See und in der Enge war das eine harte Nuß, bei der alle ins Schwitzen kamen.

Das Meer ist riesengroß, und noch immer galt das Wort des Taktiklehrers: In der Weite des Atlantiks verschwinden. Unsere Operationsgebiete lagen allerdings dicht beieinander, und so konnte es passieren, daß wir an einem grauen, verhangenen Tage gegen Jahresende *U 37* begegneten, einem U-Boot einer anderen Flottille unter Werner Hartmann. Zwei Walfische, die sich im Seegang wälzten, daß das Wasser schäumend von ihren Seiten rann. Auf dem Turm vermummte Gestalten, Silhouetten. Ich wußte, daß mein Bruder Gerd Suhren als Leitender Ing. an Bord war, alle wußten es. Und so dauerte es nicht lange, bis ich ihn drüben auf dem Turm erblickte. Wir riefen einander unverständliches zu, der Wind riß uns die Worte vom Munde, und es blieb bei heftigem Winken. Dann setzte jeder seinen Weg fort, und wir verloren einander aus den Augen.

Der Zufall wollte es, daß wir die einzigen Boote waren, die sich zur Zeit an der Front befanden. Alle anderen waren im An- und Abmarsch oder lagen in der Werft. Und ausgerechnet diente auf dem einen Boot mein Bruder als Leitender Ing. und auf dem anderen ich als Eins W.O. Es ging auf Neujahr zu, und Neujahr war ein Anlaß für die Befehlshaber der einzelnen Teilstreitkräfte, pathetische Sprüche zu klopfen und den ihnen unterstellten Truppen mitzuteilen. Irgendein Spaßvogel im Stabe des B.d.U. schlug einem der Situation angemessenen Vers vor, und obwohl es offiziell dann doch ganz anders lautete, hieß es unter den U-Boot-Leuten allgemein:

Nur Mut, nur Mut –,
Familie Suhren ist auf der Hut
und kämpft gegen England!

So klein war unsere U-Boot-Waffe.

V.

Natürlich hatten wir auch Verluste zu beklagen. In diesem ersten Halbjahr gingen ein gutes Dutzend unserer Boote verloren. Mit ihnen verschwanden Kameraden, darunter auch mein Freund Jürgen, Eins W.O. auf *U 41*. An einem bleigrauen Wintertag hatten unsere Boote im Helgoländer Hafen nebeneinander gelegen. Wir kamen von Feindfahrt, und sie wollten hinaus. Jürgen machte einen ungewohnt ernsten, ja bedrückten Eindruck. Er hatte kurz zuvor die Nachricht erhalten, daß sein älterer Bruder als Flieger gefallen war. Im Laufe der Unterhaltung äußerte er unvermittelt: Teddy, ich fühle, daß auch ich nicht wiederkomme.

Alle Versuche, ihn umzustimmen waren umsonst. Am nächsten Morgen liefen sie aus. Ich habe Jürgen nicht wiedergesehen. *U 41* wurde am 5.2.1940 nach zweimaligem Angriff auf einen nach Nordamerika bestimmten Geleitzug von dessen Sicherungsfahrzeugen versenkt. Er hatte recht behalten. Es gab keine Überlebenden . . .

Für die U-Boote wurde der Krieg härter. Die Alliierten hatten wie im Ersten Weltkrieg ihre Handelsschiffe bewaffnet und schossen auf alles, was nach U-Boot aussah. In der Hauptsache aber faßten sie sie wieder in Convoys zusammen und eskortierten sie mit Zerstörern, Korvetten oder bewaffneten Fischdampfern bis weit in den Atlantik hinein oder nahmen sie umgekehrt in Empfang. Und wenn es ihnen anfänglich auch noch an Sicherungsfahrzeugen mangelte, sie hatten mehr davon als wir U-Boote —, und wo man hobelt, fallen Späne.

Hinzu traten die Unbilden der Witterung. Es scheint so, als ob Kriegs- und Katastrophenjahre auch die Atmosphäre beeinflussen und den Menschen zusätzlich zu schaffen machen. Der Kriegswinter 1939/40 war extrem hart. Die Kieler Förde war zugefroren, und durch den Nord-Ostsee-Kanal kamen wir nur mit Eisbrecherhilfe. Beiderseits der Böschung lagen die Schollen meterhoch übereinandergeschoben, und wir fuhren ein Bugschutzgerät, um uns nicht die Nase zu verbeulen. Über der Nordsee hing eine teuflische Kälte. Das Gummizeug der Brückenwache vereiste vom Spritzwasser. Die Tropfen blieben in Augenbrauen und Bärten hängen und kristallisierten sofort. Die Ferngläser in der behandschuhten Faust beschlugen, wenn man sie vor Augen hielt. Trotzdem mußte man auf dem Quivive sein, damit einen nicht die englischen Flieger überraschten.

Im Innern des Bootes war alles klamm. Die elektrischen Heizkörper kamen gegen die Kälte nicht an. Schweißwasser perlte an den Wänden, und selbst der Atem stand als ein Hauch in der Luft. So gut es ging, versuchten wir unsere nassen Kleidungsstücke zu trocknen, auch im vermieften Dieselraum hingen Unterhosen. Das Lederpäckchen trocknete überhaupt nicht. Um wenigstens in der Koje ein bißchen Wärme zu speichern, zog ich zwei Garnituren Unterzeug an. Es half nicht viel, und der Schlaf wurde zum bloßen Hindämmern.

U 48 versenkte in diesen Monaten 16 Schiffe mit über 100.000 Tonnen und verminte zwischendurch noch den Hafen von Portland an der englischen Kanalküste. Wir näherten uns ihm bei dichtem Nebel nachts von Westen her, also von der entgegengesetzten Seite, und es war der reinste Blindflug, weil man nicht die Hand vor Augen sehen konnte. Es wurde noch ärger, als unverhofft der hohe Schatten eines Flugzeugträgers an uns vorübereilte und gleich wieder verschwand. Als wir schon daran dachten, das Unternehmen zu verschieben, lüftete sich plötzlich der Nebel, und das Leuchtfeuer von Portland kam in Sicht. So bekamen wir eine Standlinie und wurden unsere Minen los, denen dann später, soviel ich weiß, zwei Dampfer zum Opfer gefallen sind. Alle unsere Einsätze verliefen glimpflich, bis auf einmal, als wir südlich von Irland, auf den Zugängen zum St. Georgs- und Bristol-Kanal kreuzten und mächtige Prügel bezogen. Es war wirklich ein »Rückschlag« im wahrsten Sinne des Wortes.
Aus der Morgendämmerung lösen sich die Konturen von Schiffen. Ein großer Geleitzug kommt direkt auf uns zu. Kommandant auf die Brücke! Alarm! Alle Mann auf Gefechtsstation! Das Boot taucht rauschend und sinkt auf Sehrohrtiefe. Der Kiel ist jetzt 14 Meter unter der Oberfläche. Zürn, der L.I., pendelt das Boot ein, es schwebt in der Wagerechten. Von diesem Augenblick an hängt der Erfolg und zuweilen auch das Schicksal des Bootes vom Kommandanten ab.

Vati Schultze nimmt den Rundblick. Er fährt das Sehrohr ein, fährt das Sehrohr aus, tritt den rechten Fußhebel durch und schwenkt automatisch um 360 Grad. Er ist im Turm, und ich bin unter ihm in der Zentrale und achte darauf, daß seine Kommandos richtig befolgt werden. Die Mündungsklappen vor den Torpedorohren sind geöffnet. Ohne die Stimme zu heben, spricht der Kommandant mit der Nr. 1 am Vorhalte-Rechner. Dieser überträgt den Vorhalt durch die Rohre an den Gradlaufapparat im Torpedo. Das ist ein luftangetriebener Kreisel, der mit dem Abschuß einsetzt und den Torpedo in die gewünschte Richtung steuert.
Im Boot ist es mäuschenstill. Nur die E-Maschinen, die das Boot unter Wasser antreiben, singen leise. Wir laufen langsame Fahrt. Nervosität liegt

in der Luft. Die Maschinen- und Ruderkommandos kommen schneller. Ich stecke meinen Kopf durchs Turmluk: Alles klar, Herr Kaleu? Vati nickt: Wir stehen gut an Backbordseite, in fünf Minuten komme ich zum Schuß.

Frage, stark bewacht?

Vati nickt wieder: Geht!

Kommandant fährt Sehrohr wieder aus, nimmt Rundblick. Rohr eins bis vier, Achtung!

Rohr eins — los! Zwei — los! Drei — los! Vier — los!

Der L.I. hat Mühe, es jetzt auf Sehrohrtiefe zu halten, und bittet um mehr Fahrt. Die Entfernung zum Gegner beträgt 1.800 Meter, die Torpedos sind 30 Knoten schnell. Die Stoppuhr tickt, in 120 Sekunden muß es bumsen. 80 Sekunden sind um, meldet der Obersteuermann. 80 sind um —, 100 sind um —, 110 sind um! Der Kommandant hat nach Steuerbord abdrehen lassen. Da —, ein dumpfer Schlag. Treffer, schnell auf Tiefe gehen!

Warum, was ist los?

Bewacher hat uns erkannt, hält auf uns zu!

Die Ereignisse überstürzen sich. Zwei erneute Schläge signalisieren weitere Treffer. *U 48* sinkt mit hoher Fahrt in die Tiefe. Bei 120 Meter angekommen, schütteln uns acht Wasserbomben durcheinander. Sie liegen gut, wir torkeln hin und her und gehen auf Schleichfahrt. Jetzt sind auch deutlich die Unterwasser-Ortungsimpulse des Gegners zu hören: Pinnge, Pinnge, Pinnge! Kein Zweifel, der hat uns erfaßt.

Aus dem Dieselraum kommt die Meldung: Abgasklappen machen Wasser! Der Kommandant meint, Zürn, sehen Sie zu, daß die Klappen eingeschliffen werden, so gut es geht. Zürn meldet zurück, daß trotz aller Bemühungen laufend geringe Mengen ins Boot eindringen.

Jetzt muß das Ohr das Auge ablösen. In unserm Horchgerät rumort das Geräuschband des sich entfernenden Geleitzuges. Die Schraubenumdrehungen von zwei Zerstörern dringen durch. Einer wird lauter. Es ist genau 7.00 Uhr. Die Schraubengeräusche ziehen über uns hingweg und hören sich an, als ob ein langer Fingernagel unter einer Tischplatte rhythmisch kratzt. Ich kriege gerade noch das helle Blubbern sinkender Wasserbomben mit, dann gebe ich dem Funkmaat den Kopfhörer zurück. Gleich wird es knallen.

Ein stahlhartes Peng-wamm über uns, und das fünfmal hintereinander. Der Kommandant ändert Kurs auf West.

7.30 Uhr der nächste Angriff, das Boot sinkt auf 120 Meter. Um 8.00 der nächste, und jedesmal fünf Bomben. Die Bomben kommen näher, das Boot

sinkt weiter. Bei 135 Meter gibt es einen Stoß. Der Kommandant stoppt die Maschinen, das Boot ist auf dem Meeresboden gelandet. Der Karte nach auf der Cockburn-Bank.
Schon schleicht abermals ein Zerstörer heran und sucht: Pinnge, Pinnge, Pinnge! Schraubengeräusche nahe bei und das helle Blubbern der Wabos: Peng-wamm, Peng-wamm, Peng-wamm! Die Bomben detonieren mittschiffs über unsern Köpfen und lassen das Boot wie eine Stahlfeder wippen. Bug und Heck schnellen zurück, das fast 800 Tonnen schwere Boot wird meterhoch geschleudert und prallt dann wieder auf den Grund, zweimal, dreimal. Es zittert in allen Verbänden. Wir können uns kaum auf den Beinen halten, suchen nach einem Halt und greifen hierhin und dorthin.
Im Innern ist es jetzt totenstill. Das geringste Geräusch, eine metallene Kleinigkeit, die auf die Flurplatten fällt, erschreckt uns. Der Täter wird mit bösen Augen angestarrt. In den Gesichtern der Seeleute steht höchste Anspannung, und doch bewahren alle ihre Haltung. Schon sind 11 Anläufe mit je fünf Bomben gegen uns gefahren worden. Es geht auf Mittag zu, aber keiner kümmert sich ums Essen. Was mag in den Köpfen der Besatzung vorgehen?
Der Obersteuermann ist verheiratet und hat zwei Kinder, es muß ihn schwer ankommen. Ich flüstere ihm zu, Wasserbomben sinken vier Meter in der Sekunde. Vielleicht können die Horcher das Aufklatschen beim Überbordwerfen feststellen, dann stoppen wir die Zeit bis zur Detonation und errechnen die eingestellte Tiefe.
Der Horchraum glaubt das Werfen zu hören. Als der Zerstörer erneut anläuft und wir die nächste Bombenserie über uns ergehen lassen müssen, passen sie auf und geben dem Obersteuermann ein Zeichen. Der drückt auf die Stoppuhr, wieviel? 28 Sekunden bis zur Detonation! Das wiederholt sich fünfmal. Also 110 bis 120 Meter. Das aber wäre die äußerste Grenze, bis zu der die englischen Wasserbomben eingestellt werden können, und würde unsere Rettung bedeuten. Ein schwacher Trost zwar, immerhin sind wir dieser Grenze bedenklich nahe, aber doch schon so erleichtert, daß der Kommandant mich fragt: Was meinen Sie, sollen wir nicht etwas Öl ablassen? Dann nehmen die bestimmt an, sie hätten uns erledigt.
Ich schüttle den Kopf. Nein, keine Bewegung, jetzt nur tot stellen. Wenn es dunkel wird, hören die von alleine auf. Bis dahin sind es allerdings noch gute sechs Stunden. Man müßte schlafen können wie Otto Ites. Der Zwo W.O. liegt in seiner Koje mit dem Gesicht zur Wand und kümmert sich scheinbar um nichts. Wo der die Nerven her hat!
Leise taste ich mich zum Bugraum, wo die Männer offenen Auges daliegen oder an Deck hocken, den gesenkten Kopf in beide Hände gestützt. Der

Torpedomaat hat sich zwischen die Rohre geklemmt, als wolle er sie vor weiteren Erschütterungen bewahren. Wenn ich gehofft hatte, den Männern mit dem Hinweis auf die zu hoch detonierenden englischen Wasserbomben einen Stein vom Herzen zu nehmen und sie bis zur Dunkelheit vertrösten zu können, sehe ich mich getäuscht. Hier und da nur ein ungläubiges, verzerrtes Lächeln. Die sonst so alerten »Seelords« stieren vor sich hin und erwarten das Ende. Ich selbst bin zuversichtlich, wenn es auch noch so knallt. Und Otto Ites steckt nur den Kopf heraus: Wieviel wollen die uns denn noch aus Churchills Wundertüte auf den Kopf schmeißen! Aber es ist eher eine Feststellung als eine Frage.
Der Leitende Ing. ist an die Zentrale gebunden und bittet mich, seinen Männern im Dieselraum Mut zuzusprechen und ihnen das, wie auch er meint, Märchen von den nur 120 Meter tief fallenden Wasserbomben zu erzählen. Er kann sich das nicht vorstellen. Nur Vati Schultze ist die Ruhe selbst, und das bestimmt letztlich die Haltung der Besatzung, so daß keiner durchdreht.
Alle ruhen, auch die Wache. Es ist das sinnvollste, was man tun kann. Keine unnötige Bewegung, kein hastiges Atmen, wir müssen Luft sparen. Der Ventilator läuft und drückt mit Sauerstoff angereicherte Luft in alle Räume, während er gleichzeitig durch CO_2-Filter den Mief absaugt. Zwar zerrt das Zischen an unser aller Nerven, läßt sich aber nicht vermeiden.
Und der Engländer hört nicht auf, uns anzugreifen. Er ist zäh und dazu erzogen. Alle halbe Stunde werden wir überlaufen und mit großem Getöse gebombt. Es fragt sich, ob wir eine solche Geduld aufbringen würden oder den Gegner schon als vernichtet gemeldet hätten. Allmählich überkommen auch mich wieder Zweifel. Wie lange kann eine Hinrichtung eigentlich dauern?
Die Stunden vergehen qualvoll langsam. An der Oberfläche muß es längst dunkel sein. Die Zeiger der Uhr stehen auf 22.00. Und wieder Schraubengeräusche über unseren Köpfen. Diesmal krepieren acht Wasserbomben. Was bedeutet diese ungewöhnliche Anzahl. Ist es ein Abschiedsgruß, haben die sich endlich »verschossen«? Horchraum wie sieht's aus?
Herr Oberleutnant, ich höre zwei Zerstörer, die schwächer werden! Ich melde dem Kommandanten, daß sie der Peilung nach offenbar in Richtung Bristol-Kanal abziehen. Suhren, ich warte noch die nächste halbe Stunde ab. Wenn sich dann nichts mehr tut, lasse ich lenzen. Herr Kaleu, wäre Anblasen und hoch damit nicht besser? Nein, Suhren, wir haben Wasser im Boot, das wiegt und soll erst raus, dann geht es leichter.
Die halbe Stunde ist um. Es bleibt still, über uns rührt sich nichts mehr. Nach einem Weilchen befiehlt der Kommandant zu lenzen. Die Pumpe hat

gegen den Außendruck von 13,5 Atü schwer zu tun. Ihr hohes Surren könnte mich verrückt machen, und so verläuft eine weitere Dreiviertelstunde. Wenn der Gegner das etwa mitbekommt, fängt die Schweinerei von vorne an. Endlich, endlich verliert das Boot an Gewicht und hebt langsam, fast zögernd vom Meeresboden ab. Wir steigen.
Die Pumpe wird abgestellt, und in 100 Meter Tiefe geht der Kommandant mit der E-Maschine kleine Fahrt voraus. Suhren, sowie das Boot die Wasseroberfläche durchbricht, nischt wie raus und auf'n Turm. Ich übernehme den Steuerbordsektor. Sie kommen gleich hinter mir her und sehen sich an Backbord um! Jawohl, Herr Kaleu. Der Turm kommt frei, das Luk fliegt auf. Es knackt mächtig aufs Trommelfell, der Druckausgleich —, schon sind wir draußen.
An Steuerbord flimmern lauter Lichter, an Backbord auch. Wir sind von etwa 20 Fischereifahrzeugen eingekreist die vor Anker liegen. Hinter uns markieren zwei Leuchttonnen auf der Cockburn-Bank unsere vermeintliche Liegestelle. Aber nichts rührt sich. Es ist zappenduster.
Mit halb aufgetauchtem Boot, nur den Turm heraus, die leise E-Maschine benutzend, steuern wir die größte Lücke zwischen den Bewachern an. Bald haben wir sie hinter uns und sind frei. Noch 1000 Meter, dann poltern die Dieselmotoren los und schieben uns rasch davon. Mein Gott, daß wir noch leben dürfen! Die Brückenwache zieht auf und mit ihr Otto Ites. Impulsiv ergreift er meine Hand: Mensch, Erster, was hab' ich für eine Angst gehabt! Verblüfft antworte ich: Was, Otto, Du auch, und ich dachte, Du hättest ruhig geschlafen! Nee, nee, das sah nur so aus. Kein Mensch ist ohne Angst, selbst dem stärksten geht mal der Arsch auf Grundeis.
Kaum haben wir uns wieder gefaßt, als achteraus erneut Schatten auftauchen und schnell näherkommen. Meldung an Kommandant! Torpedos klar! Vati Schultze fährt Angriff auf den mittleren Dampfer. Zielrechner läuft, Torpedo los, es rumst nach 1.200 Metern. Und mit diesem Treffer löst sich die in uns aufgestaute Spannung und zerplatzt wie eine Seifenblase. Sehnse, Suhren, neuer Angriff und Erfolg sind das beste Gegenmittel. Und nun nehmen Sie mal die beiden anderen aufs Korn und drücken auf die Tube. Also, auf ihn! Leider schieße ich vorbei, man soll nicht Gott versuchen.
Während des Bombensegens, den wir wehrlos und abwartend über uns ergehen lassen mußten, habe ich wiederholt an die Germania-Werft in Kiel und an die Arbeiter denken müssen, die unser Boot gebaut hatten. Sein innerer Teil, Druckkörper genannt, der alle Funktionselemente enthielt, kurz die Welt, in der wir unter Wasser überlebten, bestand aus gut 20 Millimeter dickem Stahl, der einem Wasserdruck bis zu 250 Metern Tauchtiefe

und mehr standhielt. Er war aus Gewichtsgründen nicht genietet, sondern geschweißt, und wenn auch nur eine Stelle der Schweißnaht nachgab und riß, wäre das Wasser mit unvorstellbarer Gewalt hereingeschossen und das kleinste Leck nicht mehr zu stopfen gewesen. Wir hätten hoch müssen. Normalerweise hätte der Druckkörper eine Tauchtiefe von 250 Metern und darüber hinaus noch einiges mehr aushalten können. Dann aber wäre er durch den wachsenden Wasserdruck wie eine Eierschale zerquetscht worden.

Ende gut, alles gut. Wir haben mit Vati Schultze fünf Feindfahrten gemacht und dabei 100.000 Tonnen versenkt. Am 2.3.1940 bekam er als zweiter U-Boot-Kommandant nach Prien das Ritterkreuz zum Eisernen Kreuz. Für mich war das Eiserne Kreuz 1. Klasse abgefallen. Die letzte Fahrt hing mit der Besetzung Norwegens zusammen, als wir zuerst bei den Shetland-Inseln standen und von dort nach Narvik dirigiert wurden, um unser Landeunternehmen zu decken. Der eigentliche treibende Keil waren zehn deutsche Zerstörer gewesen, ein volles Drittel aller unserer Zerstörer überhaupt, die nach stürmischer Überfahrt Gebirgsjäger unter General Dietl in Narvik abgesetzt hatten. Beim Einlaufen in den Fjord begegneten wir einem Zerstörer. Dabei kam es zu einer Meinungsverschiedenheit zwischen Schultze und mir, da Vati das Kriegsschiff für einen deutschen Zerstörer hielt. Ich stutzte, schaute nochmal hin und widersprach heftig: Ich bin als Fähnrich Zerstörer gefahren und weiß, wie die deutschen aussehen. Der da ist ein waschechter Engländer!
Der Kommandant meinte, geben Sie Erkennungssignal. Worauf ich ihm entgegenhielt: Was soll das denn? Wir müssen tauchen, je schneller desto besser!
Schultze gab widerwillig nach, weil ich stur blieb; denn der Zerstörer war schon ziemlich nahe gekommen, lag quer und hatte alle seine Rohre auf uns gerichtet. Dann sind wir getaucht — und die Wasserbomben fielen! Schultze war wütend: Und Sie sind schuld daran, daß wir jetzt deutsche Wasserbomben auf den Hut kriegen. Ich entgegnete: Das sind keine deutschen, das sind englische, und sie krachen so laut, weil wir hier im engen Fjord liegen und der Schall sich am steilen Felsufer bricht.
Nach der achten Bombe meinte ich beiläufig und eher aus dem Gefühl heraus: Wenn das ein Engländer ist, schmeißt er jetzt noch fünf. Es ist heute Freitag, der 13. April, und der Tommi schmeißt 13 Wasserbomben, passen Sie mal auf, Herr Kaleu! Vati Schultze sah mich an, als ob ich ihn auf den Arm nehmen wollte, und es war ja eigentlich auch nur Flax. Doch wirklich —, der Zerstörer ließ noch fünf fallen und verzog sich dann.

Weit drinnen im Fjord und fast schon in Sicht der Stadt, trafen wir ein anderes deutsches U-Boot: *U 46* mit Herbert Sohler. Wir liefen aufgetaucht, und er rief uns zu: Kinder, seid bloß vorsichtig. In Narvik befindet sich kein deutscher Zerstörer mehr, alle zehn wurden vom Engländer vernichtet. Es wimmelt von englischen Zerstörern, und obendrein ist noch das Schlachtschiff *Warspite* drin! Vati Schultze sagte gar nichts mehr.
War das Landeunternehmen in Norwegen für die Marine verlustreich verlaufen, so machte uns ein anderer, unerklärlicher Vorgang zusätzlich zu schaffen. Zahlreiche Angriffe aller dort eingesetzten U-Boote gegen englische Seestreitkräfte verliefen ergebnislos. Ob das Ziel ein Kreuzer, Schlachtschiff oder Zerstörer, wir trafen offenbar nicht und schossen buchstäblich vorbei. Jedoch lag es nicht am Schießen, sondern war noch viel schlimmer: unsere Torpedos hatten versagt. Der Elektro-Torpedo G7e trug eine Abstandspistole, die durch das Magnetfeld des Zieles ausgelöst werden sollte, aber nicht ansprang. Das hatte physikalische Ursachen. All das merkten wir erst später, im Augenblick standen wir vor einem Rätsel, das viel Unruhe unter die U-Boot-Leute trug.
Beängstigend und unerklärlich blieb auch ein wüster Lärm, der uns eines Tages unter Wasser im Fjord überkam. Zwar wußten wir, daß die Ufer des relativ schmalen Fjords jedes Unterwassergeräusch verstärkt zurückwarfen, aber jenes Brausen und Sausen, das sich da erhob und anschwoll, war etwas noch nie Gehörtes: eine unbekannte Gefahr! Unwillkürlich gingen wir auf Tiefe, hielten den Atem an und fühlten, das etwas auf uns zukam, dem wir nicht entfliehen konnten. Das Geräusch wurde immer lauter, immer drohender und ging in ein Getöse über, das alles im Boot übertönte. Wir meinten, jetzt ist Schluß, jetzt haben sie uns! Der L.I. rannte auf mich zu und öffnete den Mund, aber ich verstand kein Wort und schrie nur aus Leibeskräften: Leck mich doch am Arsch! Mir war alles schnuppe. Dann, als alles unterzugehen drohte, schwächte das ohrenbetäubende Dröhnen ab, wurde leiser und leiser und entfernte sich. Ungläubig sahen wir uns an: Was war geschehen?
Erst viel später kam ich dahinter. Da war ich schon Kommandant von *U 564* und fuhr zur Übung einen Scheinangriff auf unser Schlachtschiff *Bismarck*. Ich hatte nur 30 Meter Tiefe. Und da war es wieder, jenes rätselhafte Brausen, jener Radau, der uns damals in Norwegen in, es läßt sich nicht leugnen, Angst und Schrecken versetzt hatte. Es waren die Schraubengeräusche des riesigen Schlachtschiffes, das wie ein dreifacher Riesenmixer durchs Wasser quirlte. Damals im Fjord war es das alte englische Schlachtschiff *Warspite*, das über unsere Köpfe hingezogen war, ohne daß wir voneinander wußten. Schwamm drüber, es war nur eine Episode am Rande.

Nach Narvik wurde Kapitänleutnant Schultze krank und von Korvettenkapitän Hans-Rudolf Rösing abgelöst. Rösing gehörte zur Crew '24, hatte den Aufbau der U-Boot-Waffe erlebt und war darüber 35 Jahre alt geworden. Sein Vater war schon Marineoffizier gewesen, sein Schwiegervater jener Konteradmiral Looff, dessen Kreuzer *Königsberg* im Ersten Weltkrieg in Deutsch-Ostafrika zusammengeschossen wurde. Sein Schwager diente ebenfalls bei der U-Boot-Waffe. Mit Rösing machten Otto Ites und ich die sechste und siebente Fahrt auf der *U 48*. Er war ein musischer Mensch, eher feinfühlig, und beim Unterwasserangriff, wo es auf größte Konzentration des Kommandanten ankommt, lief ihm der Schweiß in Bächen übers Gesicht. Aber er ließ nicht locker. Aus dem Marineoffiziers-Milieu stammend, hatte er bestimmte Vorstellungen von Mut und Tapferkeit, die alles andere überwogen. Ich habe die größte Achtung vor diesem Mann gehabt; denn er mußte sich mehr beherrschen als andere mit einem dicken Fell. Überflüssig zu erwähnen, daß er ein sehr netter und verbindlicher Kommandant war. Wir haben mit ihm 14 Schiffe mit rund 80.000 Tonnen versenkt.

Unter Rösing passierte mir die Geschichte mit dem »Meisterschuß«. Doch bevor wir näher darauf eingehen, sollten wir mehr über das Schießen bzw. den Angriff selber sagen. Wir haben hauptsächlich nachts und aufgetaucht angegriffen, weil das aufgetauchte Boot mit den Dieseln seine volle Geschwindigkeit von 17 Knoten ablaufen konnte. Getaucht kriecht es mit Hilfe der E-Maschinen und rund 7 Knoten eben so dahin, ist unbeweglicher und leichter einzuholen. Während die hochbordigen Frachter vor unseren Augen von unten herauf Silhouetten gleich in die Höhe ragten, wurden wir niedrigen Boote von ober herunter einfach übersehen, es war erstaunlich. Das Boot verschmolz mit der nächtlichen See dunkel in dunkel. Es sei denn, daß wir beim Meeresleuchten ein phosphoreszierendes Kielwasser hinter uns herzogen. Das kam aber nicht oft vor. Also, bis der Gegner kapiert hatte, was da unten herumschwabberte, war es auch schon passiert. Die alten, erfahrenen Kommandanten gingen fast auf Steinwurfweite heran. Um so größer war die Chance zu treffen.

Unterwasserangriffe fährt alleine der Kommandant, er schießt auch selber. Bei Überwasserangriffen bleibt das Schießen dem Torpedooffizier überlassen, meist dem Eins W.O. Dieser guckt durch das Zielgerät auf dem Turm, ein lichtstarkes Doppelglas mit Gradskala. Er schätzt Abstand, Kurs und Geschwindigkeit des Gegners, verbindet diese mit der Sichtlinie und bekommt aus dem Zieldreieck den Vorhaltewinkel, mit dem der 30 Knoten schnelle Torpedo dem Schiff entgegen- oder hinterherlaufen muß, um es zu treffen. Sehr wichtig ist das Stillhalten im Augenblick des Abdrückens. Das Boot darf nicht schwanken, da sich sonst der Vorhaltewinkel verschiebt. Man denke an den Standfotografen aus Opas Zeiten, der »Bitte recht freundlich« sagte, worauf man stockstill zu stehen hatte, weil sonst das Bild unscharf wurde. Ich habe den Kommandanten kurz vorm Schuß immer gebeten: Bitte, Ruder mittschiffs!

Der Erfolg hängt vom genauen Schätzen ab. Natürlich gibt der Kommandant seinen Senf dazu; denn das Schießen wird im Prinzip gemeinsam besprochen. Er sagt vielleicht, der hat doch einen anderen Kurs, oder der läuft doch schneller oder auch, Sie haben keine Ahnung! Wenn es sich aber um einen bewährten Torpedooffizier handelte, hielt alles den Mund und redete ihm nicht dazwischen, auch der Kommandant nicht! Der T.O. warf einen letzten Blick durch das Zielfernrohr. Dann hieß es: Achtung, Torpedo — los!

Traf er, war eitel Freude und Sonnenschein. Schoß er vorbei, fielen alle, die vorher den Mund gehalten hatten, über ihn her: Das habe ich mir gleich gedacht, wir wollten nur nichts sagen! Wie auch immer, das Schießen ist mit die wichtigste Funktion, man überläßt sie besser dem Könner. Ich habe ohne Frage auch für das Torpedoschießen eine besondere Begabung mitgebracht. Die Kommandanten vertrauten mir und haben sich selten eingemischt. Nur einmal, als es mir vorbeigelang, schrie Vati Schultze: Mein Gott, Sie treffen ja nicht! Ich war ganz verdattert: Ich weiß auch nicht, was los ist! Dann schoß er, traf aber auch nicht. Und da kamen uns zum ersten Mal Zweifel am Funktionieren der Torpedos . . .

Unter Wasser muß der Kommandant alles alleine machen: das Boot führen und schießen. Anstelle des Zielgerätes, das im Freien steht, benutzt er das Angriffssehrohr. Er fährt es ein und aus, nimmt einen Rundblick, schätzt die Werte, kann nicht lange nachdenken, sondern muß vieles rein instinktiv, aus dem Gefühl heraus machen. Er hat sich unerhört zu konzentrieren, menschlich eine ganz schwere Aufgabe. Und wenn er eine Kleinigkeit übersieht, wird er am Ende noch vom Gegner gerammt. Nachts haben wir nie unter Wasser angegriffen: das Angriffssehrohr war einfach zu lichtschwach. Bei Tage war es schon nicht einfach, alles im Auge zu behalten. Es war vor Narvik, als wir überraschend von einem Zerstörer aus Lage Null, also direkt von vorne angenommen wurde. Der Kommandant sah ihn nicht. Da habe ich dem L.I. auf die Schulter getippt und den Daumen nach unten gehalten. Das hieß, geh auf Tiefe. Der fackelte nicht lange, ließ das Boot fallen, und eh der Kommandant begriff, waren wir schon auf 50 Meter. Keine Sekunde zu früh, die Wasserbomben knallten — laut und dicht.

Dann passierte die Sache mit dem »Meisterschuß«. Wir bekamen einen großen Dampfer vor die Flinte, der war weit weg und schnell.Uns vorzusetzen oder ihn einzuholen war unmöglich, also raus mit dem Aal! Der Kommandant hatte Bedenken. Suhren, wollnse wirklich schießen, der ist doch viel zu weit weg, machense bloß keine Geschichten! Ich sagte, Herr Kaleu, nicht lange reden, wenn wir nicht bald auf die Tube drücken, geht der uns durch die Lappen. Er wieder: Das hat doch keinen Zweck, auf die Entfernung treffense nie und nimmer. Ich widersprach: Das sagen Sie so, ich schätze die Entfernung auf 5.000 Meter, das wird der Torpedo eben noch schaffen. Und gab die geschätzten Werte nach unten durch. Kurz vor dem Abschuß, im allerletzten Augenblick, habe ich den Vorhaltewinkel noch um 0,6 Grad vergrößert. Jawohl, um Null-Komma-sechs Grad. Danach Achtung, mit 30 Knoten ab geht die Post. Und keiner hat geglaubt, daß wir je treffen würden.
Die Spannung wuchs. Die Sekunden verrannen —, eine Minute —, zwei Minuten —, drei Minuten —, vier Minuten. Und das ist eine endlos lange Zeit, wenn man sich auf ein Risiko eingelassen hat und wie auf glühenden Kohlen steht. Die anderen hüstelten, lächelten verstohlen, wendeten sich schon ab. Rösing zuckte resigniert die Achseln, so als: was habe ich gesagt, der ist hin. Da —, nach vollen fünf Minuten und 4.900 Metern, da —, da —, in weiter Ferne ein enormer Feuerball und hinterher der Donner der Detonation: Treffer!
Die Ausguckposten bekamen die Maulsperre, der Zwei W.O. sah mich von unten entgeistert an. Rösing schüttelte den Kopf, maß mich mit einem Seitenblick, und während es in der Ferne wie eine Fackel brannte, verschwand er stillschweigend von der Brücke. Ein Ding wie aus'm »Freischütz«. Es hatte allen die Sprache verschlagen . . .
Der Zwo W.O. sagte zum L.I.: Das gibts nicht wieder, das ist einmalig. Entweder war es ein Zufall, oder er kann tatsächlich mehr als wir. Später, in der Offiziersmesse (das ist nur andeutungsweise zu verstehen, ein bloßer Verschlag neben dem Durchgang), später fragte er mich dann vertraulich: Nun sag' doch mal, Erster, warum hast Du im letzten Augenblick den Vorhaltewinkel noch um 0,6 Grad verbessert. Dadurch haben wir getroffen! Meine Antwort war einfach: Der Gegner wanderte eben schneller aus. Otto meinte zweifelnd, und das konntest Du sehen? Lieber Otto, bist Du denn doof, hör doch mal zu. Ich habe im letzten Augenblick gemerkt, daß der Vorhaltewinkel von 20,4 Grad sich nicht durch sieben teilen läßt. Und da wir erfahrungsgemäß nur durch sieben teilbare Zahlenwerte benutzen, habe ich einfach 0,6 aufgerundet und kam auf 21,0 Grad. Und das macht auf eine solche Entfernung 'ne Menge aus. Glaubs oder glaubs nicht.

Sagt Otto zu mir: Erster, Du spinnst doch. Und ich zu Otto: Es gehört sich nicht für'n Zweiten, zum Ersten zu sagen, du spinnst. Habe ich nun getroffen oder nicht?
Ja, sicher. Aber das ist es ja eben.
Ja, das war es eben. Aber der Kommandant hat mir nie mehr reingeredet. Im allgemeinen war Rösing sehr hartnäckig und ließ so leicht nicht locker. Ich entsinne mich, daß wir uns einmal bis auf einen Torpedo, der im Heckrohr steckte, verschossen hatten. Und diesen einen wollte Rösing unbedingt auch noch an den Mann bringen. Indessen standen wir dicht unter der englischen Küste, und Otto und ich waren von der Situation nicht sehr erbaut. Nun bedurfte es zwischen mir und Otto keiner langen Reden, ein leichter Anstoß genügte: Das hieß nun, Otto, ganz schnell ab dafür! Und Otto fing an zu schreien: Zerstörer, Zerstörer, Lage Null, wir müssen weg! Und weg waren wir, mit dem letzten Torpedo noch im Rohr.
Mit Korvettenkapitän Rösing haben Otto und ich zwei Feindfahrten gemacht und dabei 14 Schiffe versenkt.

Nach Rösing übernahm Kapitänleutnant Heinrich Bleichrodt das Boot. Es war schon im September 1940, der Frankreichfeldzug war bereits zu Ende, und wir verfügten nun über U-Boot-Basen direkt an der Atlantikküste. Das war sehr vorteilhaft; denn es ersparte uns die langen Anmarschwege um die britischen Inseln herum. Das Operationsgebiet lag nun schon vor unserer Haustüre. *U 48* wurde mit der 1. U-Flottille nach Brest verlegt.
Bleichrodt war kein 'geborener' U-Boot-Fahrer. Er kam aus der Crew '31 und hatte bei einem anderen Kommandanten Informationsreisen mitgemacht. Für die Leute hießen diese Kommandantenschüler »Konfirmanden«, es fehlte ihnen einfach an Erfahrung. So ging es auch Bleichrodt. Er hatte ohne Frage seine schwachen Stellen und Augenblicke, in denen er das Geschehen nicht übersah. Das war ganz natürlich. Und Otto Ites war nun die ganze Zeit, das heißt sieben lange Reisen, bei uns als Zwo W.O. gefahren und mit allen Wassern gewaschen. Wir beiden verstanden uns wie Brüder, und unter dieser Voraussetzungen ist auch das folgende zu verstehen. Otto Ites mochte am liebsten durch die Schiffe hindurchfahren und sie mit der Hand anfassen. Dafür war ich aus taktischen Gründen nun nicht so zu haben. Doch wie das so geht —, es war in einer stockdunklen Nacht beim Wachwechsel. Otto löste mich ab, aber anstatt aufzupassen, fingen wir an zu klöhnen, und ehe wir uns versahen, wurden wir überrascht und fanden uns plötzlich vor der mittleren Säule eines Geleitzuges. Durch hartes Ruderlegen und mit Boxen der Maschinen konnte ich das Boot abseits drehen. Wie üblich der Ruf »Kommandant auf die Brücke!«

Vor uns hatte sich eine Lücke geöffnet, durch die wir uns hätten absetzen und von draußen treffsicher in den Geleitzug hineinschießen können. Aber der aus dem Schlaf gerissene Bleichrodt sah nur eine zum Greifen nahe haushohe Bordwand neben sich, verkannte die Situation und schrie in der ersten Schrecksekunde auch schon: Alarm-Tauchen! Und damit waren alle unsere Angriffschancen vertan. Wir waren weg vom Fenster.
Beim blitzschnellen Einsteigen fiel Otto fast in die Zentrale hinunter und schimpfte lauthals auf den Kommandanten, der hinter uns das Turmluk schloß. Ich war noch vor dem Kommandanten unten, packte Otto beim Kragen und zischte: Hälst Du wohl Deine Klappe, bist Du verrückt, willst Du unser Boot kaputtmachen? Denn wenn das Vertrauen der Besatzung zum Kommandanten einen Knacks bekommt, lassen sich die Folgen nicht absehen.
Otto beruhigte sich, sein Temperament sei mit ihm durchgegangen. Aber die Mannschaft hatte doch alles mitbekommen, und als wir an Land gingen, wurde getuschelt, na, und so weiter. Das war mir sehr unangenehm; denn ich wurde deswegen noch vom Flottillenchef befragt. Aber ich mochte meinen Kommandanten nicht in die Pfanne hauen, wie man so sagt, und spielte alles herunter. Was sollte es —, er war immer sehr anständig zu uns gewesen, und seine Unerfahrenheit, für die er nichts konnte, würden wir schon ausgleichen.
Nun, auch Bleichrodt bekam nach und nach mit, wo es langging, und auf der achten und neunten Feindfahrt hat *U 48* dann auch 17 Schiffe versenkt. Schiffe, auf deren Ladung Großbritannien angewiesen war, um nicht zu verhungern oder auszubluten. Auf der Erfolgsliste des Bootes standen damit 47 Einheiten. Es waren moderne Frachter darunter und Tanker, Seelenverkäufer, die kaum noch ihre Versicherung verdienten, Erzschiffe und Kohlencollier, Schnelläufer und alte Globetrotter, schäbige Tramps und blitzblanke Liner, selten allein, meist aus Geleitzügen herausgeschossen. Sie waren armiert oder neutral und unbewaffnet, hatten sich in Gefahr begeben und waren dabei umgekommen. Schiffe, deren Kielwasser von Horizont zu Horizont reichten und die wir mit allen Daten und Charakteristiken in der Marine-Dienstvorschrift Nr.123 »Die Handelsflotten der Welt« nachschlagen konnten, dazu mit Schattenrissen, damit wir sie auch zu identifizieren vermochten, wenn sich aus den Funksprüchen nichts ergab und wir ihre Namen nicht lesen konnten. Egal, ob sie nun *Sultan Star* oder *Violande N. Goulandris*, *Athelcrest* oder *Port Gisborne* hießen. Namen sind Schall und Rauch, die Größe zählte. Wir versuchten alles abzuschießen, an das wir rankamen, und das waren auf der achten und neunten Feindfahrt bis zu vier an einem Tag.

Alles zusammengerechnet kamen dabei innerhalb von 13 Monaten 300.000 Tonnen feindlichen Schiffsraums heraus. Das ergab eine Durchschnittsquote von rund 6.000 Tonnen, die dem Regelschiff der damaligen Zeit entsprach, mit dem wir uns abzumühen hatten und das unzählige Anläufe erforderte. Bedenkt man, daß unsere heutigen Mammut-Tanker und Massengut-Frachter bereits 200.000 bis 300.000 Tonnen groß sind, scheint unser Wirkungsgrad nicht überwältigend angesichts aller Mühe. Damals wurde man bei 40.000 Tonnen im Wehrmachtsbericht hervorgehoben. Alle Kommandanten bemühten sich, im Wehrmachtsbericht erwähnt zu werden.
Für Kommandanten, die annähernd 100.000 to versenkt hatten, gab es das Ritterkreuz. Rösing hatte es bekommen, und Bleichrodt erhielt es auch. Dabei zeigte sich die Fairness von Heinrich Bleichrodt. Nachdem ihm das Ritterkreuz über Funk zugesprochen worden war und er zurücktelegrafiert hatte »Für wen ist es denn?«, stand er nach Reiseende dem B.d.U. gegenüber, um es aus dessen Hand entgegenzunehmen. Das war in Kernevel bei Lorient, wohin der B.d.U. seinen Stab verlegt hatte, um den Booten an der Atlantikküste nahe zu sein.
Und da hat Bleichrodt, der ein Mordskumpel war, zu Dönitz gesagt: Das kann ich nicht ohne weiteres annehmen, Herr Admiral. Dönitz war verblüfft. Aber wieso denn nicht? Bleichrodt erklärte: Entweder kriegt der Eins W.O. Suhren als Torpedoschütze ebenfalls das Ritterkreuz, dann trage ich meins, sonst nicht. So, entgegnete Admiral Dönitz und wandte sich an Engelbert Endrass, der Kommandant geworden war: Na, Bertel, was sagst Du denn dazu?
Und Endrass in seinem Dialekt: Des werd i Eahna sag'n Herr Admiral. Weshalb gebn's dem Suhren denn net des Ritterkreiz! I find aa, daß er's haben sollte.
Aber er ist doch nur Wachoffizier und sollte es eigentlich nach der ersten Reise als Kommandant haben. Jo mei, und bis dahin fällt er halt aufs Maul, und aus is mit's Ritterkreiz, dann hat er gar nix. Und da Endrass mit ihm gut Freund war, auf den er hörte, willigte Dönitz schließlich ein. Also gut, soll er's haben.
Zuvor mußte ich noch angeben, wieviele Dampfer ich als Torpedoschütze versenkt hatte, wobei unterm Strich die 300.000 Tonnen von *U 48* überwiegend auf mein Konto gingen, nämlich 200.000. So wurde mir dann am 4.11.1940 das Ritterkreuz verliehen mit der Begründung, »weil er an der Versenkung von 200.000 Tonnen feindlichen Schiffsraums entscheidenden Anteil hatte.« worauf ich sehr stolz sein konnte; denn ich blieb der einzige in der U-Boot-Waffe, der schon als W.O. so hoch dekoriert wurde. Und die 200.000 Tonnen sind mir immer vorausgeeilt.

Wie sich die Dinge gleichen: Kurz zuvor hatte mein Bruder Gerd Suhren, Leitender Ing. auf *U 37*, als erster Ingenieuroffizier der U-Boot-Waffe ebenfalls das Ritterkreuz erhalten. Es lag wohl in der Familie.

Doch alles in allem fielen uns die Auszeichnungen nicht in den Schoß. Wir hatten zu tun, zum Schuß zu kommen. Viele Hunde sind des Hasen Tod, seit Kriegsbeginn waren eine ganze Menge unserer Boote auf der Strecke geblieben. Und eben zu diesem Zeitpunkt wurde ich von der Vergangenheit eingeholt und mit einem Vorfall konfrontiert, der sich so recht in das Bild einfügt und dessen Ausgang Bände spricht.

Wir jungen Offiziere, alle noch in den frühen Zwanzigern, die wir draußen auf den Meeren dem Tod täglich ins Auge blickten, waren im Hafen nicht gerade die Sanfmütigsten. Kurz vor Beginn des Norwegenunternehmens, es war noch winterlich kühl, bekam ich mit Holst's Hotel am Kieler Schloßgarten Krach, um es gelinde auszudrücken. Da wollte mich der Portier nicht auf ein Zimmer lassen, in dem einige meiner Kameraden Abendbrot aßen. Einer hatte was Gutes zu essen besorgt, und ich wollte auch hin. Nun ist Kiel im Gegensatz zu Wilhelmshaven keine Marinestadt. Sie nahmen wohl unser Geld, aber die Matrosen waren für die Kieler »Kulis« und gaben auch als solche den Titel zu einem Roman von Theodor Plivier »Des Kaisers Kulis«. Daran hatte sich selbst in unserer Zeit nicht viel geändert. Ohne ersichtlichen Grund, aus purer Gehässigkeit, wollte der Portier mich nicht zu meinen Kameraden lassen und wurde dabei noch frech. Ich sagte, hörn'se mal zu, von mir aus können Sie gleich was in die Fresse kriegen. Der also Angesprochene drückte auf die Klingel, und heraus kam der Hotelier, ein bekannter Kieler Gastronom und brachte gleich einen Zeugen mit, einen ebenso bekannten Kieler Anwalt. Und in diesem Augenblick kamen meine Kameraden auch schon von oben und sahen die Bescherung. Hein Uphoff raunte mir zu: Teddy, nicht schlagen, nicht schlagen! Der Hotelier regte sich auf, und der Anwalt schrie: Ich rufe meinen Freund an, Admiral Carls! Alle redeten durcheinander. Als der Anwalt wieder auftauchte, rief einer meiner Kameraden gedehnt: Na, was sagte denn nun Ihr Freund, der Admiral, und langte ihm gleich eine, daß er in die Garderobe flog. Und das alles in voller Uniform. Uphoff raunte mir immer wieder zu: Halt Dich bloß raus, Teddy, an Dir bleibt sowieso alles hängen.

Ach du meine Güte, es kam, wie es kommen mußte. Der Anwalt verfaßte einen Schriftsatz, der es in sich hatte. Und dieser Vorgang verfolgte mich in all den Monaten, während ich draußen Torpedos schoß, von Kommando zu Kommando, von Admiral zu Admiral, mit Kommentaren und Dienstsiegeln und landete am Ende auch beim Befehlshaber der U-Boote. Und nun ergab sich die Frage, was wird Dönitz machen, wie holt er uns da heraus und ob überhaupt.

Aber die Angelegenheit hatte sich auf eine tragische und makabre Weise fast von selbst erledigt. Wir waren im Krieg, und Dönitz konnte unter anderem nur noch antworten: Es läßt sich der Anteil der U-Boot-Fahrer nicht mehr feststellen, da die meisten von ihnen nicht mehr am Leben sind . . .

VI.

Hans-Georg v. Friedeburg war als 2. Admiral der U-Boote auch für Personalfragen zuständig. Obwohl er ganz früher einmal Kadettenoffizier auf einem Schulkreuzer gewesen war und zur B.I. gehört hatte, die mir noch schwer im Magen lag, verband uns ein eher freundschaftliches Verhältnis, und ich versäumte nie, nach Rückkehr von Feindfahrt mich bei ihm an Bord von *Erwin Wassner* in Kiel zu melden. Er machte die Umkommandierungen, und man tat gut daran, ihn sich warm zu halten. Natürlich kannte er meine problematische Konduite genau und betrachtete mich unter buschigen Augenbrauen teils amüsiert, teils mißtrauisch, im ganzen aber wohlwollend.

Das Ritterkreuz wurde mir von ihm persönlich mit vielen guten Wünschen um den Hals gehängt. Ich war von *U 48* abgelöst worden, aber als ich bei dieser willkommenen Gelegenheit nach meiner weiteren Verwendung fragte und ein eigenes Boot verlangte, winkte er erstaunt ab. Aber mein lieber Suhren, wo denken Sie hin, ein eigenes Boot? Wissen Sie, wieviele Anwärter da noch vor Ihnen stehen? Ruhen Sie sich erstmal aus und erholen sich in der Heimat. Und übrigens –, unter 25 Jahren wird bei mir keiner Kommandant.
Ich war erst 24 Jahre alt, und nun war die Reihe an mir, erstaunt zu sein. Ach, so ist das also. Es geht hier nach dem Lebensalter und nicht nach der Erfahrung. Es könnte aber doch sehr wohl sein, daß ich nach neun erfolgreichen Feindfahrten als Eins W.O. mehr leiste als einer, der noch nichts hinter sich gebracht hat und nur auf Grund seines Alters Kommandant wird.
Darauf v. Friedeburg wieder: Der Löwe (und damit war Dönitz gemeint), also der Löwe hat verfügt, daß unter 25 Jahren keiner Kommandant wird.
Und ich: Aber in einem halben Jahr werde ich 25, da könn'se mir doch schon jetzt ein Boot geben, warum denn nicht?
Nein, das geht nicht. Ich habe meine Befehle und kann's nicht ändern. – Und wo soll ich hin, etwa wieder als W.O. fahren?
Etwas in meiner Stimme ließ ihn aufhorchen. Er schüttelte den Kopf. Aber wer spricht denn davon? Es gibt was Besseres. In Memel läuft ein Torpedoschieß-Lehrgang für Kommandanten, dort brauchen wir einen Lehrer.

Aber das haut doch nicht hin, wandte ich ein, als bisheriger W.O. kann ich doch Kommandanten keine Lehren erteilen, die nehmen mir das doch überhaupt nicht ab.
Nun wurde v. Friedeburg ganz väterlich. Paß mal auf, Suhren, die nehmen Dir das ab, verlaß Dich drauf. Die wissen doch schon, wer hier der gute Torpedoschütze ist, für was haste schließlich'n Ritterkreuz gekriegt. Also, ab nach Memel, und in einem halben Jahr sprechen wir uns wieder, dann biste 25, ist das klar? — Und damit war das Thema durch, ab gings nach Memel. Das heißt nachdem ich wieder nüchtern geworden war; denn der Halsorden mußte natürlich begossen werden.

Am neuen Dienstort empfing mich der Chef, Kapitänleutnant Buchholz, hocherfreut mit einem warmen Händedruck und sagte gleich Auf Wiedersehen, ich bin nach Berlin befohlen, mach man hier weiter. So wurde ich unverhofft nicht nur Schießlehrer, sondern hatte auch das Sagen und habe Crewkameraden und älteren Jahrgängen das Schießen wohl nicht gerade beigebracht, aber doch wesentlich verbessert. Von Deutschlands östlichstem Hafen und der ländlichen Umgebung haben wir so gut wie nichts gesehen. Die Tage wurden immer kürzer. Wir fuhren mit zwei kleinen 250-Tonnen-Unterseebooten, sogenannten Einbäumen, hinaus und Angriffe auf das Zielschiff, den Stettiner Passagierdampfer *Nordland*. Die Torpedos hatten Übungsköpfe, liefen unter dem Zielschiff hindurch und wurden am Ende ihrer Laufbahn von Fangschiffen aufgenommen. Obenan stand das schwierige Unterwasser-Tagesschießen, das höchste Konzentration erforderte. Es wurde geübt, unentdeckt auf eine Entfernung von 600 bis 800 Metern an das Zielschiff heranzukommen. Um den Standort des Bootes nicht zu verraten, durfte das Sehrohr so wenig wie möglich ausgefahren werden. Beim Kommando »Torpedo los« wurde angeblasen, das Boot tauchte auf, sein Abstand wurde vom Zielschiff aus gemessen. Ein Anlauf folgte dem andern, hinzu kam das Nachtschießen.
Im Grunde genommen war das alles eine fast fröhliche Angelegenheit. Die Kameraden versuchten, mich auf den Arm zu nehmen, und ich, mich durchzusetzen. Das ging dann so, über die Sprechanlage: Der nächste Anlauf beginnt in wenigen Minuten. Dem Alphabet nach ist jetzt Buchstabe M dran. Meier in den Turm zum nächsten Schuß — Habt Ihr das gehört? Befiehlt mir den nächsten Schuß — Meine Herren, wenn der Aufgerufene nicht sofort erscheint, bin ich gezwungen, mich in ein Vorgesetztenverhältnis zu setzen — Habt Ihr gehört, in ein Vorgesetztenverhältnis will er sich setzen — Auch zu Ihnen, Herr Meier — Dies ist kein Spaß mehr, meine Herren, der nächste Anlauf beginnt — in den Turm!

Memel blieb ein Intermezzo. Es war Winter, das Thermometer fiel und fiel, und im deutschen Osten noch mehr als anderswo. Die See bedeckte sich mit Eisschollen, das Einfangen der Torpedos wurde von Tag zu Tag schwerer. Der Lehrgang mußte abgebrochen werden. Der Rückmarsch durch die vereiste Ostsee nach Kiel gestaltete sich zu einer Expedition. *Nordland* mit ihrem Eisbrechersteven vorneweg, dahinter die beiden kleinen Einbäume und am Schluß die Fänger, zwei alte Torpedoboote. Der Winter 1940/41 stand dem Vorjahr an Kälte nicht nach.

Wenige Wochen vor meinem 25. Geburtstag erreichte mich eine neue Order: Auf Befehl des Oberbefehlshabers übernehmen Sie das Kommando des für die Kriegsmarine im letzten Fertigungsstadium befindlichen Neubaues *U 564*. Sie treten das Kommando am 1. März 1941 an und überwachen die Werfterprobung. Basta, da hatte ich mein eigenes Boot, ein brandneues sogar.

Das Boot entstand in Hamburg auf der Werft von Blohm & Voss, der traditionsreichen Wiege Hunderter von Handelsschiffen. Vom Typ her ein VII-C-Boot, verdrängte es über Wasser 750 Tonnen, hatte zwei Dieselmotoren von jeweils 3.000 Ps und zwei Elektromotoren von je 750 Ps, lief über Wasser gut 17 Knoten und getaucht nicht einmal die Hälfte, konnte 14 Torpedos mit auf die Reise nehmen und aus vier Bugrohren und einem Heckrohr schießen und — und — und. Mit einem Wort, *U 564* war bis auf ein paar Kleinigkeiten ein Gegenstück von *U 48*, mit dem ich neunmal unterwegs gewesen war, das ich auswendig kannte und auf dem ich mich im Dunkeln zurechtfand.

Die Baubelehrung besorgte mein ausgezeichneter Leitender Ing., Oberleutnant der Reserve Gabler, im Zivilberuf Schiffbauer, der bereits vor unserer Zeit in Holland U-Boote entworfen hatte. Er war ein hervorragender Mensch und ein großer Könner und hat die Besatzung mit den Eigenschaften und Grundbegriffen des Bootes vertraut gemacht. Ich selbst habe mich von Zeit zu Zeit blicken lassen, damit die Besatzung auch mich kennenlernte, bin jedoch beizeiten wieder an Land gegangen, um mich mit Hamburg vertraut zu machen, und war in einem Hotel auf St. Pauli untergebracht.

Hamburg übte trotz der kriegsmäßigen Verdunkelung, dem Fehlen des Fremdenverkehrs und des ruhenden hanseataischen Glanzes noch immer einen gewissen Zauber auf den Betrachter aus. Nach Strapazen und Entbehrungen konnte ich mir die Zeit nehmen, einmal die Lose gründlich durchzuholen. Man traf sich hier mit Freunden und Kameraden von den verschiedenen Werften in mehr oder weniger feinen Lokalitäten, und ich habe dort auch die Indienststellung meines Bootes *U 564* zünftig arrangiert. So ganz beiläufig bemerkte ich eines schönen Tages oder eher Abends, daß ich von zwei Herren beschattet wurde. Und das nicht nur zur Sommerszeit, vielmehr des öfteren. Das gefiel mir gar nicht. Um es ihnen aber nicht zu schwer zu machen, habe ich mehrmals nachgeholfen und zu Freunden laut gesagt, kommt, jetzt gehen wir in den Bronzekeller oder in die Roxy-Bar, wie es sich so ergab, nur um auch dort die bekannten Gesichter auftauchen zu sehen.

Doch wie das so ist, auf einmal wurde ich zu Admiral v. Friedeburg befohlen, und der hatte ein vier Schreibmaschinenseiten umfassendes Dossier von der Abwehr vor sich, die mich wohl abschießen wollten. Da stand unter anderem drin, Suhren sitzt in Uniform mit einem Neger an der Bar —. Stimmt, Herr Admiral, da war so ein Afrikaner in der einen Bar, der hat da manchmal gesessen. Ich habe mir nichts draus gemacht, der stammte wohl aus den Kolonien.

— Suhren zahlt mit ungedeckten Ahlmann-Schecks und geniert sich nicht, mit einer Jüdin die vornehmsten Lokale aufzusuchen —.

Stimmt auch, Herr Admiral, erwidere ich. Wenn alle deutschen Mädchen so blond und so blauäugig wären und so süß aussehen würden, brauchten wir uns nicht zu beklagen. Ich habe nichts darin gesehen, mit diesem netten Mädchen auszugehen, das ich auf einem Künstlerfest kennengelernt habe. Ihre ältere Schwester ist nämlich seit Jahr und Tag mit unserem Stabsarzt vom Zerstörer *Max Schultz* verlobt, der um seine Heiratserlaubnis kämpft, sie aber nicht bekommt. Die Mädchen sind eben nicht ganz arisch. Na, und?

— Der Suhren feiert mit seiner Besatzung die Indienststellung seines Bootes ausgerechnet im Hotel der Frau Bauernfeind, deren Schwester vor kurzem über Spanien und Portugal nach Südamerika geflohen ist —.

Was heißt geflohen? Die hat doch in Südamerika ihren Wohnsitz und die entsprechende Staatsbürgerschaft.

Also, was die Abwehr alles herausgefunden haben wollte, das ging auf keine Kuhhaut. Na, und? sagte ich nochmal dreist und gottesfürchtig; denn v. Friedeburg hatte das schwerwiegende Schreiben ein bißchen hin und hergeschoben und mit seinem Grünstift 'So ein Quatsch' am Rande vermerkt, was mir wieder Oberwasser gab. Und damit war die Angelegenheit auch schon erledigt.

Was den Arierparagraphen betraf, so wurden wir draußen auf den Meeren umhergejagt und bekamen praktisch gar nicht mit, was sich zu Hause eigentlich tat. Zwei Jahre später besuchte ich während eines Urlaubs meine Eltern und fuhr über Berlin, wo mir auf dem Kurfürstendamm ältere Herrschaften auffielen, die an ihrer Kleidung einen gelben Stern trugen. Naiv genug, fragte ich einen der Betroffenen nach dessen Bedeutung. Der sah mich ganz verdutzt an. Lieber Herr Offizier, das ist doch ein Judenstern, mit dem wir uns in der Öffentlichkeit zeigen müssen. Das ging mir noch immer durch den Kopf, als ich in einem Straßenkaffee saß und zwei Hitlerjungen aufkreuzten. Sie wollten von mir ein Autogramm oder eine sonstige Unterschrift, die ich aber kurz angebunden verweigerte. Die frischen Jungen konnten nichts dafür und waren verwundert und verletzt. Ich aber auch, wenn auch aus einem anderen Grunde.

Als ich im April 1941 das Boot *U 564* in Dienst stellte, mit ‚Oberdeck stillgestanden, Front zur Flagge' und so, und zum erstenmal meinen schmalen Kommandowimpel setzte, fühlte ich mich natürlich im richtigen Element. Knapp 25 Jahre alt geworden, schien ich das beste Boot der Welt unter den Füßen zu haben und tat alles, um es so schnell wie möglich frontreif zu machen. In der üblichen Reihenfolge verliefen das Einfahren, die Wende- und die Tauchmanöver, um in weniger als 30 Sekunden verschwinden zu können, gingen das Artillerieschießen und das noch wichtigere Torpedoschießen über die Bühne. Bei der AGRU-Front/Hela wurden Ausfälle aller Art geübt und in der Östlichen Ostsee zur taktischen Ausbildung Angriffsmanöver auf Geleitzüge gefahren. Bei einem solchen Scheinangriff auf das fahrende Schlachtschiff *Bismarck* verspürte ich dessen dröhnende Schraubenwirbel und wurde an Norwegen erinnert, wo uns die alte *Warspite* ähnlicherweise in Angst und Schrecken versetzt hatte. In diesen Wochen fiel auch der Besuch des GRÖFAZ, des »größten Feldherrn aller Zeiten«, dem mein Bruder und ich an Bord der *Tirpitz* vorgestellt wurden, ohne zu ahnen, daß ich ihm noch mehrmals über den Weg laufen sollte. Wir übten in der tiefen Danziger Bucht und nördlich davon bis zur Insel Bornholm, wo es eine Nacht Ruhe gab. Wir betraten das stille Fleckchen Erde und aßen ganz friedensmäßig Spiegeleier . . .
Die Zeit bis zur Frontreife der einzelnen Boote zog sich unterschiedlich in die Länge, je nach der Erfahrung des Kommandanten und danach, wie er seine Besatzung in der Hand hätte. Und das ließ jetzt, im dritten Kriegsjahr, schon merklich nach und dauerte seine Zeit. Ich selbst brauchte eigentlich nur das Verhalten des Neubaues zu ergründen, sonst gab es keine überraschenden Situationen mehr, ich hatte das alles schon aus der Praxis intus. Und meine Leute, runde fünfzig Mann, waren auch nicht gerade von Dummsdorf, so daß alles relativ schnell vonstatten ging und wir schon im Juni im Atlantik standen, um es vorweg zu nehmen. Zugegeben, ich habe gehörig Dampf dahinter gemacht und allen eine Menge abverlangt.

Meinem Eins W.O., Oberleutnant zur See Fritz Mumm, paßte das nicht so recht. Warum beschweren Sie sich, fragte ich ihn in ruhiger Messerunde. Sie sind nicht damit einverstanden, daß ich während der Ausbildung nichts, aber auch gar nichts durchgehen lasse, sei es nun in der Handhabung des Bootes oder in Sachen Disziplin. Waren Sie nicht seinerzeit auf der *Graf Spee*, bevor Sie zur U-Boot-Waffe kommandiert wurden?
Der Erste nickte. Ja, aber was soll die Frage?
Hatte der Kommandant, dem ein guter Ruf vorausging, das Schiff voll in der Hand? Kannte er die Qualitäten seiner Offiziere genau? Und wie macht das der Kommandant eines so großen Schiffes mit einer mehrhundertköpfigen Besatzung? Außerdem habe ich mir erzählen lassen, daß es genaue Anweisungen gab, mit welcher Einheit oder Kampfgruppe das Panzerschiff ein Gefecht aufnehmen durfte. Stimmt das?
Der Erste bejahte. Da ist schon was Wahres dran, wenn ichs auch nicht beschwören kann. Doch was hat das alles mit uns zu tun?
Das werden Sie gleich hören, konterte ich. Was die Besatzung angeht, so glaube ich Euch drei Offiziere und vier Portepee-Unteroffiziere schon so weit zu kennen, daß ich die Grenze der Belastbarkeit beurteilen kann. Und als U-Boot-Kommandant muß ich versuchen, es mit jedem Gegner aufzunehmen, daran hindert mich kein Befehl. Und was Sie betrifft, so waren Sie auf der *Spee* ein kleiner Mann, der in das tragische Geschehen kaum eingreifen konnte. Hier aber sind Sie Eins W.O., der mich aus Leibeskräften zu unterstützen hat, und stehen an vorderster Stelle, wenn mir etwas zustoßen sollte. Ich weiß genau, was uns draußen erwartet, Ihnen werden die Augen übergehen. Jede Woche, fast jeder Tag, den wir mit der Ausbildung früher fertig sind und an die Front kommen, ist von Vorteil. Denn der U-Boot-Krieg wird immer schwerer. Je eher wir uns an die damit verbundenen Gefahren gewöhnen, desto besser werden wir mit ihnen fertig und überleben. Darum meine schnelle und gründliche Ausbildung. Unser Leben hängt von Kleinigkeiten ab.
Nachdenklich geworden, gab er mir recht.
Sicher, ich wollte es eben ganz genau wissen, obgleich das auf den ersten Blick mit meiner großzügigen Wesensart im Widerspruch zu stehen schien. Da war zum Beispiel die Sache mit der Korbflasche voll Rum auf der ersten Reise. Wir hatten den Proviant der engen Raumverhältnisse wegen in allen nur möglichen Winkeln verstaut, und diese 10-Liter-Korbflasche stand in der Artillerielast auf den Granaten. Und dort sollte er ausgerechnet von einer zurückgelegten Granate zerschlagen worden sein, als wir das Gefecht mit einem Bewacher abbrechen mußten. Jedenfalls, als ich auf der Heimfahrt einen Grogabend für alle ansetzen wollte, war von

den ganzen 10 Litern Rum kein Tropfen mehr zu finden. Daß dies nicht mit rechten Dingen zugehen konnte, fühlte ein Blinder mit'm Krückstock, zumal mir der Koch einmal angetrunken vorgekommen war, ich aber eilig auf die Brücke gerufen wurde und den Vorfall vergaß.
Während der Proviantübernahme für die nächste Feindfahrt, als umfangreiche Mengen auf der Pier lagen, die alle im Boot untergebracht werden sollten, setzte ich mich mit einem Bier und Korn gemütlich in den »Offiziersraum«, wo ich die Artillerielast im Auge behalten konnte. In weiser Voraussicht. Es verging eine Weile, aber dann erschien der Koch mit einer neuen Korbflasche voll Rum, um sie wieder in der Artillerielast verschwinden zu lassen. Ich begann zu räuspern.
Komm, komm, Schmutje! Bring die Flasche wieder an Land. Keine Widerrede, der Rum bleibt hier.
Ungern, doch dem Befehl gehorchend, zog sich der Küchenchef mitsamt der Korbflasche zurück. Unmittelbar nach ihm erschien der Verpflegungsunteroffizier und baute sich vor mir auf. Na, was gibts.
Der Funkmaat erzählte mir, daß gemäß Verpflegungsplan für U-Boote 10 Liter Rum an Bord sein müßten, um Erkältungskrankheiten entgegenzutreten, und ob es unter diesen Umständen nicht richtig sei, den Rum doch —
Aber nein! Sehnse, Funkmaat, was Sie da sagen, ist ja alles gut und richtig. Nur wäre es schade um den schönen Rum, der wieder in die Artillerielast fließt und nicht in erkältete Kehlen. Ich erkälte mich häufig auf der Brücke und setze mich trotzdem über den Verpflegungsplan hinweg. Ich trinke wohl an Land, doch keinen Tropfen auf Feindfahrt. Oder habense was dagegen?
Der unwillige Funkmaat wurde vom L.I. abgelöst, der seinen Kopf um die Ecke steckte und scheinheilig fragte: Na, Herr Oberleutnant, wissen Sie schon, wer den Rum gesoffen hat?
Ich lächelte grimmig. Sie dürfen mir glauben, ich werde schon noch dahinterkommen. Auf meinem Boot soll nichts geschehen, wovon ich nichts weiß. Der Leitende schob ab und überließ mich der dritten Buddel Bier und dem Korn.
Inzwischen hatte ein Großteil des Proviantes unter Leitung des Proviantmeisters, Obersteuermann Karl Limburg, seinen Platz gefunden. Limburg war ein netter Kerl und wurde, wie alle seiner Laufbahn, unter den Offizierssoldaten freundschaftlich auf plattdeutsch »Stürkorl« genannt. Jetzt schlich er auffallend oft an mir vorbei —, zu oft.
Obersteuermann ist was? Er blieb stehen. Ich hätte Herrn Oberleutnant gerne mal gesprochen.
Dem steht nichts im Wege, setzen Sie sich man zu mir und trinkense 'ne

Buddel Bier mit. — Aber Herr Oberleutnant, ich bin noch im Dienst. — Mensch, jetzt schieben Sie mir aber einen unter, wie Sie mir schon einmal einen untergeschoben haben mit der zerbrochenen Rumflasche auf der vorigen Reise. Obwohl meine Koje direkt über der Artillerielast liegt, habe ich nichts davon gerochen. Tja, tja, ich weiß auch nicht recht, Herr Oberleutnant.
Daß ich nicht lache, Obersteuermann. Sie sind doch der Proviantmeister. Nun mal raus mit der Sprache, was war da eigentlich los?
Unruhig rutschte Stürkorl hin und her. Das Reden fiel ihm sichtlich schwer. Tja, Herr Oberleutnant, wie soll ich's erklären? Also, das war so —, sehn Sie, ich bin mit meinen 40 Lebensjahren nicht mehr der jüngste U-Boot-Fahrer, und um meinen Kreislauf ist's auch nicht mehr zum besten bestellt. Ich brauche immer mal einen kleinen Schluck, um auf Vordermann zu kommen. Und da hat mir der Koch zwei Flaschen Rum abgezapft, bis nach und nach nichts mehr da war. Natürlich belastet mich das jetzt schwer, vor allem, weil nun alle darunter leiden sollen.
Der Proviantmeister selber hatte also den Anstoß gegeben. Der Bock als Gärtner. Was sollte man schon dazu sagen. Eine ganze Weile gar nichts. Karl Limburg atmete schwer, ich überlegte. Dann sah ich ihn an.
Gut, Obersteuermann, jetzt weiß ich wenigstens Bescheid. Aber sagen Sie, ist das nicht doch ein Vertrauensbruch mir gegenüber? Ich frage mich warum, hätten Sie nicht zu mir kommen können, so und so steht's mit mir? Was habe ich falsch gemacht?
Nun fiel ihm das Reden noch schwerer, und er verstieg sich wieder zur dritten Person. Herr Oberleutnant waren während der Ausbildung so streng und unnachgiebig und hatten ausdrücklich verboten, privaten Alkohol mit an Bord zu nehmen, so daß ich mich nicht getraute, Herrn Oberleutnant daraufhin anzusprechen. Jetzt, nach der Feindfahrt, sind Herr Oberleutnant ganz anders, viel kameradschaftlicher und geselliger. Und obendrein habe ich eingesehen, daß dieses harte Training sein Gutes gehabt hat.
Na, sehnse, Stürkorl. Daß der Koch die Korbflasche sozusagen auf höhere Anordnung angezapft hat, war mir von vornherein klar. Aber ich habe mich gehütet, ihn in die Mangel zu nehmen. Das hätte nach Zuträgerei und ähnlichem ausgesehen und dem Zusammenleben an Bord geschadet. So haben Sie es mir selbst eingestanden, und schließlich hat der Rum bei Ihnen einen medizinischen Zweck erfüllt. Nehmen Sie also in Zukunft genug Alkohol mit, damit Ihr Kreislauf die wochenlangen Belastungen durchhält und nicht wieder die Granaten in der Artillerielast die Flasche zerbrechen.
Wir brachten die Geschichte als gute Freunde zu Ende.

Mein Boot, *U 564*, war der 1. U-Flottille zugeteilt worden. Deren Stützpunk war der französische Kriegshafen Brest. Von dort aus operierten wir global, dort krochen wir in U-Boot-Bunker zurück, deren sechs Meter dicke Betondecken gegen jegliche Bomben der damaligen Zeit gefeit waren. Ein einziges Mal nur liefen wir nach Lorient, als unsere Motoren total hinüber waren und ausgewechselt werden mußten.

Der kartographierte Ozean war in kleine und kleinste Quadrate unterteilt, die der verschlüsselten Ortsbestimmung dienten. Die Befehlsstelle des B.d.U. in Kernevel hatte die Boote durch Funk sozusagen »an der Strippe« und dirigierte sie hierhin und dorthin. Man versuchte den Atlantik auch meteorologisch zu kontrollieren, und die Kriegsmarine schickte verkappte Fischdampfer und sogar Segler zum Wetterbeobachten in entlegene Gebiete. Eine erste Order verwies *U 564* auf eine solche Wetterstation unter Grönland. Dort oben gab es kein Schiff zum Versenken. Vielleicht wollte man das Boot erst einmal testen, bevor es ins eigentliche Kampfgebiet kam. Nachdem ich drei Wochen ergebnislos umhergegondelt war, verging mir die Lust, und ich habe den B.d.U darauf hingewiesen, daß dort »nichts zu holen« sei. Prompt kam zurück: Suhren auf Gibraltar-Route operieren. So bin ich dann aus ziemlicher Entfernung dorthin gekarrt.

Dunst und Nebel lösen sich ab. Bei derart schlechter Sicht fahren wir meistens unter Wasser und hoffen, mit dem Horchgerät Schraubengeräusche aufzufangen. Die Zeit vergeht mit Tauchen und Horchen, mit Wiederauftauchen und Umherblicken, ob die Sicht besser geworden ist. Dieses Herumstehen und Warten belastet die Nerven. Nichts tut sich. Ich verliere die Geduld und lasse eine Nachricht abgeben: Sicht seit sechs Tagen anhaltend schlecht, erbitte Aufstellung südlicher! Die umgehende Antwort ist nicht ermutigend und lautet lediglich: *U 564* Funkstille wahren . . .

Es bedrückt die Stimmung an Bord, ohne Aussicht auf Erfolg Treibstoff und Proviant verbrauchen zu müssen. Denn den Erfolg brauchen wir wie der Künstler den Beifall. Ohne diese Selbstbestätigung wären die gelegentlichen Augenblicke der Angst kaum zu überwinden.

Endlich, am Morgen des siebten Tages hat eine aufklärende Condor einen Geleitzug gesichtet: Generalkurs Süd, wahrscheinlich Richtung Gibraltar. *U 564* wird mit anderen Booten darauf angesetzt. Endlich können wir wieder in Aktion treten und steuern mit 15 Knoten Fahrt Richtung 161 Grad. Wenn alles gut geht, sollten wir morgen Mittag Fühlung aufnehmen können. Den Brückenwachen schärfe ich äußerste Wachsamkeit ein. Für mich sind sieben Stunden Schlaf inzwischen wichtig. Weiß man doch nie, was auf einen zukommt. Ewald, mein Funker und Aufklarer, soll niemand an meine Koje lassen. Bei einem Ruf von der Brücke würde ich ohnehin wie

von der Tarantel gestochen auf die Beine springen. Erholsamer Schlaf gelingt aber nur im Schlafanzug. Wie oft bin ich schon im Pyjama, den roten Schal und das Doppelglas um den Hals, auf die Brücke gestürzt.
Kurz vor Eintritt der Morgendämmerung lasse ich mich wecken. Ich fühle mich frisch und ausgeruht genug, um Verfolgung und Kampf aufzunehmen. Diese Gibraltar-Convoys sind mit am stärksten gesichert, befördern aber auch wichtigstes Kriegsgut. Wie aus den Funksprüchen des B.d.U hervorgeht, operieren jetzt etwa acht Boote auf den Convoy. Ich stehe den ganzen Tag auf der Brücke, damit mir keine Rauchfahne und keine Mastspitze entgeht, aber erst gegen Abend fangen wir eine Sichtmeldung von *U 201* (Adalbert Schnee) auf. Adi ist ein zäher Fühlungshalter, hoffentlich bleibt er dran, und das Geleit läuft ihm nicht davon.
Wir stehen noch 30 Seemeilen hinter dem Geleit, das sich mit einer Marschfahrt von neun Knoten entfernt. Wir können es erst in fünf Stunden eingeholt haben. Obwohl Adi weiter am Ball bleibt, bekommen wir das Geleit nicht zu sehen. Unsere eigene Position ist auch nicht mit letzter Sicherheit genau, haben wir doch schon seit acht Tagen keine Standlinie nach den Gestirnen schießen können. Lediglich eine Sonnenhöhe zur Mittagszeit. So präzise auch Stürkorl koppelt, das heißt auf dem Papier die Kurse mitzieht, die Stromversetzung kann er nicht ermessen. *U 204* (Walter Kell) und *U 559* (Hans Heidtmann) geben Erfolgsmeldungen. Zwei Stunden später kommt auch Adi zum Schuß.
Ich hänge am Glas. Wenn wir doch jetzt bloß dran wären, irgendwo müssen wir das Geleit zu fassen kriegen. Doch wir kommen zu spät, die Fühlung geht verloren. — Für den nächsten Abend wird von der 2. Seekriegsleitung ein Aufklärungsstreifen befohlen. Die Boote legen sich wie ein Riegel quer über die Gibraltar-Route. Wir beziehen die westliche Position und harren wieder kommender Dinge.

Wir sind mitten in einem Geleitzug. Leitender, halten Sie das Boot auf Sehrohrtiefe, genau 14 Meter. Der Steuerbord-Bewacher wandert in fünf Minuten hinter uns vorbei. Von den drei Reihen des Geleitzuges greifen wir die Steuerbord-Kolonne an. Das Sehrohr wird kurz ausgefahren, ein schneller Blick in Richtung des Bewachers. Sehrohr wieder ein, in Richtung des Geleitzuges geschwenkt und wieder kurz heraus.
Alles bestens. Die See ist ruhig, das Boot läßt sich gut auf Tiefe halten. Sehrohr nochmals in Richtung Geleit ausgefahren. Verflucht, was ist das? Der ganze Verein zackt nach Steuerbord.
Sehrohr rein, wieder raus. Jetzt wird es brenzlig, durch den Dreh sitzen wir gleich mittendrin. Die mittlere Kolonne kommt fast direkt auf uns zu.

Die Außenseite kann ich nicht mehr erreichen. Also, mit Gegenkurs hinein. Grünert, Ruder nicht über 10 Grad legen. L.I., Boot gut auf Tiefe halten. Das alles nur geflüstert. Der vordere Dampfer ist bereits auf 500 Meter heran. Zwischen den Kolonnen gibt es einen seitlichen Abstand von nur 400 Metern. Ich darf erst im letzten Moment auf die Steuerbord-Säule zudrehen, sonst wird der Abstand für mich zu kurz.
Das Sehrohr wird nur noch jeweils eine Sekunde gezeigt, um uns nicht zu verraten. Alle fünf Torpedos sind klar zum Schuß. Der vorderste Dampfer der mittleren Kolonne schiebt sich, nur 15 Meter entfernt, haushoch und zum Greifen nahe, an mir vorbei. Der hätte uns glattweg überfahren. Vor mir, in der Steuerbord-Kolonne, habe ich ein lohnendes Ziel ausgemacht: einen Tanker.
Bootsmann, welche Fahrt ist eingestellt? Gut 10 Knoten, Herr Oberleutnant. Lage links, Lage 30, Lage laufend. Grünert, melden, was durchgeht! Rohr 1 und 2 fertig! Bootsmann, melden, wenn Lage 60! Die Worte fallen wie Tropfen.
Bootsmann meldet Lage 50. Grünert, Ruder Mitte! Achtung, Lage 60! Rohr 1 fertig, Rohr 1 — los! Hart Backbord! Auf Kurs 120 Grad gehen. Wir laufen parallel zum Geleitzug. Eine knallharte Detonation, der Tanker ist getroffen! Ein schneller Rundblick. Weiter achteraus drehen zwei weitere Tanker voneinander fort, der eine nach Süden, der andere nach Norden. Rohr 5 fertig, Rohr . . . was ist los? Ich sehe nichts mehr. Der L.I. versichert: Boot ist auf 14 Meter.
Mein Gott, wir sind von einer dichten schwarzen Qualmwolke umgeben. Der Tanker brennt lichterloh, er verdunkelt alles. Ich kann nichts mehr erkennen und entschließe mich schweren Herzens, auf Tiefe zu gehen. Die Situation ist mulmig. Wir sind direkt unter dem Geleitzug, nur ein Stockwerk tiefer. Hier vermutet uns keiner, hier gibts keine Wasserbomben, aber die Gefahr, gerammt zu werden, ist groß.
Die Schraubengeräusche wandern aus und werden leiser und leiser. Von den schnellen Bewachern ist nichts zu hören, vielleicht liegt einer still und wartet. Wir gehen wieder auf Sehrohrtiefe, auch nichts mehr zu sehen. Aber die Luft ist wieder dunstiger geworden, und die Sicht beträgt nach dem Auftauchen nur etwa 3.000 Meter. Das ist für uns Boote eine miese Situation. Wenn ein Zerstörer aus dem Grau heranprescht, kommt man kaum weg und läuft obendrein Gefahr, vom Geschützfeuer erwischt zu werden. Ich entschließe mich, nach Süden abzudrehen.

Die Geleitzüge oder Convoys verfolgten nicht etwa ständig einen geraden Kurs, sondern zick-zackten bei U-Boot-Gefahr auf Kommando, um den

Angreifern das Zielen zu erschweren. Ihre ozeanischen Wege verliefen hauptsächlich in zwei Richtungen. Zum einen von Nordamerika/Kanada nach Großbritannien und zurück. Sie wurden von beiden Seiten aus von Bewachern begleitet, die sich in der Mitte des Atlantiks trafen und mit dem entgegenkommenden Convoy umkehrten. Die Route in den hohen Norden nach Murmansk, der Unterstützung der Russen dienend, gab es noch nicht. Zum andern bewegten sich auf der küstennäheren Gibraltar-Route die Convoys nach und von fernen Zielen. Sie kamen beispielsweise als Einzelfahrer um das Kap der Guten Hoffnung, sammelten sich vor Freetown/ Westafrika, vereinigten sich auf der Höhe von Gibraltar mit Schiffen aus dem Mittelmeer oder trennten sich in umgekehrter Richtung. Diese Geleitzüge waren infolge der nahen Küste mit ihren Flugbasen auch aus der Luft meist stark geschützt, was man von den Amerika-Convoys nicht sagen konnte.

Die Reichweiten der Flugzeuge waren damals noch relativ begrenzt, und so gab es in der Mitte des Nordatlantiks eine ruhige Zone, in der uns kein feindliches Flugzeug erreichte. Es war der sogenannte »Gap«. Diese Zone oder Spalte wurde im weiteren Verlauf des Krieges schmäler und schmäler und schnappte schließlich ganz zu. Aber damals war es noch ein verhältnismäßig friedliches Gewässer, in dem wir nur den Horizont zu beobachten brauchten und uns erholen konnten.

Und hier traf ich eines schönen Tages *U 203* unter Kapitänleutnant Rolf Mützelburg, der vom Beginn des U-Boot-Krieges an mit dabeigewesen war.

Die Besatzung war aus der Röhre gekrochen und genoß das schöne Wetter und den warmen Sonnenschein. Ausgelassen wie die Kinder tollten sie in der Badehose umher, Mützelburg immer vorneweg. Sie spielten regelrecht Kriegen und Hasch mich mal, und Mützelburg rannte auf den Turm und sprang mit elegantem Kopfsprung im hohen Bogen von dort ins Wasser. Mir sträubten sich die Haare, und ich sagte ihm unter vier Augen, was Du da machst, das würde ich niemals tun. Das ist leichtsinnig; denn so schmal ist das Boot mit den bauchigen Treibstofftanks an den Seiten nun auch wieder nicht, daß man es einfach überspringen kann. Er aber lachte nur, das tue er des öfteren, und ließ sich nicht davon abbringen. So fuhr denn ein jeder wieder seiner Wege.

Drei Tage danach überreichte mir der Funker eine Meldung. Mützelburg war wieder einmal kopfüber vom Turm gesprungen, hatte aber das Wasser verfehlt und war mit dem Schädel auf dem Seitentank gelandet. Kurz darauf war er tot. So verlor einer der erfolgreichsten U-Boot-Kommandanten sein Leben.

VII.

Ich habe mit *U 564* sechs Feindfahrten unternommen und dabei ungefähr 33 Schiffe versenkt. Inwiefern ungefähr, erkläre ich noch. Die Angriffe im einzelnen zu schildern, würde zu weit führen. In ihrem Ablauf stimmen sie oftmals überein, und darum begnüge ich mich mit einem Zeitraffer und hole nur gelegentlich weiter aus. Es waren nicht mehr die schnellen Erfolge der ersten Zeit. Die Umstände hatten sich verschärft und waren riskanter geworden, besonders auf der Gibraltar-Route, wo einen die Flieger unter Wasser drückten und abzuhängen versuchten. Denn ehe man wieder hochkam, war der Geleitzug längst auf und davon.

Von den erwähnten 33 Schiffen waren 23 einwandfrei zu identifizieren. So die britische Korvette *Zinnia*, die in die Luft flog, der amerikanische Tanker *Eclipse*, der im flachen Wasser der Florida-Straße sank und seine Masten raussteckte, um die wir einen Bogen machen mußten, der kanadische Tanker *Victolite*, die *Empire Oak*, die *Potrero del Llano*, um nur einige zu nennen. Man schoß von draußen und seitlich in den Geleitzug hinein, der sich in mehreren Reihen oder Säulen bewegte, und schoß man wirklich einmal vorbei, konnte man immer noch einen treffen, der sich dahinter in die Schußlinie schob, oder gar noch einen anderen weiter hinten. Manche Treffer sah man nicht, man hörte sie bloß. Es heißt dazu: ... horchte nach 4er-Fächer getrennte Detonationen, sah drei Stichflammen, später Rettungsboote ... *U 564* horchte in 1 Min 15 Sek bis 1 Min 27 Sek vier Detonationen, tatsächlich erhielten die getroffenen Schiffe *Levington Court* und ein unbekanntes vermutlich jeweils zwei Treffer ... horchte nach 5 Torpedos fünf Detonationen, beobachtete zwei Stichflammen und eine hohe Sprengwolke ...

Und schließlich müssen noch die Pleiten erwähnt werden. Etwa so: ... *U 564* horchte nach 59 und nach 79 Sek je einen Torpedoaufschlag ohne Detonation, vermutlich Pistolenversager ...

Noch ein Wort zur versenkten Tonnage. Sie war nun mal der Maßstab, nach dem sich der Befehlshaber bei Lob und Auszeichnung richtete. An irgendetwas mußte er sich ja schließlich halten. Um es vorweg zu nehmen: meine 23 versenkten und namentlich festgestellten Schiffe umfaßten laut internationalem Schiffsregister runde 125.000 Tonnen, die ungewissen restlichen 10 erhöhten den Pegel auf etwa 200.000. Doch selbst Maßstäbe und Vergleichsziffern hinken. Es kommt immer darauf an, wie sie zustande gekommen sind.

Ich war Spezialist in der Bekämpfung von Geleitzügen geworden, ein harter Job. Jedesmal, wenn ein solcher nach Gibraltar ging und ich mich in der Nähe befand, wurde ich darauf angesetzt. Und trotz umfangreicher See- und Luftsicherung handelte es sich zuweilen nur um verhältnismäßig kleine Dampfer, eher Coaster mit einer geringen Tonnage zwischen 1.000 und 1.500 Tonnen, die kaum lohnenswerte Ziele boten und schwer zu treffen waren. Kameraden, die vor mir dort gewesen waren, hatten »Tanker« versenkt von 6.000 und mehr Tonnen. Ich habe auf der Gibraltar-Route kaum Tanker gesehen. Wohl auf den Nordatlantik-Wegen, hier aber kaum. Doch um niemand in die Pfanne zu hauen, hielt man besser den Mund, und der Engländer gab auch keine Verlustziffern bekannt. Es ist überhaupt schwierig, nachts eine Schiffsgröße zu schätzen, es sei denn, man läuft mit ihnen fast Schulter an Schulter, was ja auch geschieht. Ich selbst habe, wie schon angedeutet, das Sinken eines Schiffes und seine Größe wegen heftiger feindlicher Abwehr nicht immer beobachten können. Wenn man wieder zu sich kam, war alles schon gelaufen, und man war ab davon.
Dönitz sagte nach einem Lagevortrag schließlich zu mir: Was meinst Du denn, wieviele Schiffe hast Du nun versenkt? — Ja, Gott, es werden in diesem Jahr so um die 16 gewesen sein. Aber ich kann nicht mit Sicherheit angeben, ob sie nun immer gesunken sind und überhaupt — Ja, wie hoch wird denn ihre Tonnage gewesen sein? — Auch das ist wirklich schwer zu sagen, Herr Admiral.
Ja, aber was machen wir dann, wandte sich Dönitz an seinen Stab, die einen sehen die Schiffe groß, die andern sehen sie klein und möchten nicht behaupten, daß sie wirklich gesunken sind. Also, ich hätte da einen Vorschlag. Wir geben dem Suhren für jedes torpedierte fünf Punkte, egal, ob es gesunken ist oder nicht. Das macht erstmal 80 Punkte. Dann hat er noch ein Kriegsschiff versenkt, eine Korvette, dafür kriegt er 10 Punkte, macht zusammen 90. Und für gutes Führungshalten jeweils zwei Punkte, macht summa summarum 100. Also, und damit schloß er seine Überlegungen, für Suhren müssen wir etwas tun. Wenn der am Geleitzug ist, kann ich mich ruhig schlafen legen, der bleibt dran.
Kam hinzu, daß ja noch jene beträchtliche Tonnage zählte, an deren Versenkung ich als Torpedoschütze »maßgeblich beteiligt« gewesen war.

Zum Jahresende 1941 lag ich mit meinem durch Bombenschäden sehr mitgenommenen *U 564* in der Werft, da wurde mir zu Sylvester das Eichenlaub zum Ritterkreuz verliehen. Eine Auszeichnung, die man sich bei uns U-Boot-Leuten noch an zehn Fingern abzählen konnte. Heinrich Lehmann-Willenbrock von *U 96* und Kapitän zur See Rogge von Hilskreuzer *Atlantis* hatten es auch bekommen, und wir drei wurden in die Wolfsschanze befohlen, um es uns dort abzuholen. Die Wolfsschanze war das Führerhauptquartier, ein ausgedehnter, gut getarnter Bunkerkomplex in den dichten Wäldern Ostpreußens bei Rastenburg.

Nach Meldung beim Ob.d.M. in Berlin fuhren wir drei mit der Bahn nach Ostpreußen. Am Ziel angekommen, empfing uns Hitlers Marine-Adjutant, Kapitän zur See v. Puttkamer, brachte uns in den Führerbunker und lud uns nach den Formalitäten zum Kaffee ein. So hintenrum hatte ich erfahren, daß die Russen zum Jahresende bei der Heeresgruppe Mitte durchgebrochen waren und Hitler nur mit härtesten Befehlen die zurückgewichene deutsche Front zum Stehen gebracht hatte. Zu gerne hätte ich gewußt, ob es zum Verlauf des Krieges politische Alternativen gebe, da ich auch für unsern U-Boot-Krieg auf die Dauer schwarz sah, und versuchte ganz vorsichtig, das Gespräch in entsprechende Richtung zu lenken.

Aber Kapitän Rogge, der anderthalb Jahre auf seinem Hilfskreuzer gesessen hatte, redete und redete. Mein Führer, hier habe ich noch Fotos und da noch, und sehen Sie hier —, und jedesmal, wenn ich Hitler glaubte so weit zu haben, daß er einen seiner endlosen Monologe anfing, von denen wir ja auf der *Tirpitz* einen gewissen Vorgeschmack bekommen hatten, kam Rogge wieder mit seinen Fotos dazwischen. Ich verstand Rogges Verhalten, der, nachdem er anderthalb Jahre auf sich selbst gestellt Kreuzerkrieg geführt hatte, sich nun aussprechen wollte. Und das war vielleicht ganz gut so; denn wer weiß, wie Hitler auf vorwitzige Fragen reagiert hätte.

Die Abendtafel, an der Hitler damals noch regelmäßig teilnahm, führte uns alle wieder zusammen. Ich als kleiner Oberleutnant saß neben Generalfeldmarschall Keitel, dem Chef des Oberkommandos der Wehrmacht, der später von den Alliierten gehenkt wurde. Mir gegenüber saß General Dietl von den Gebirgsjägern, einer der volkstümlichsten Generäle des Krieges. Rogge saß neben Hitler. Zum Abschluß des Essens wurde jedem ein Schnaps eingeschenkt. Nun hatten die im Führerhauptquartier sympathischerweise Marineschnapsgläser, so richtige Tönnchen von 0,40 bis 0,50. Hitler trank ja nicht und nickte Keitel zu, damit er die Auflassung gebe. Los gings, mit angewinkeltem Arm in Höhe des zweiten Knopfes, Verbeugung nach allen Seiten, äh, hm, sehr zum Wohle! Aber während die andern steif und vornehm nippten, kippte ich das Tönnchen, wie ich es gewohnt war, zack-zack in einem Zuge runter. Leer wars, Verblüffung ringsum. Hitler lächelte, er guckte die Ordonnanz an und machte eine Handbewegung. Die kam angewetzt, und ich erhielt noch einen zweiten, randvoll. Ich hatte mir gedacht, wenn ich hier schon einen guten Schnaps bekomme, trinke ich den auch fix aus. So fein bin ich nicht. Ich bin nur ein simpler

Seemann, damit müssen die sich schon abfinden. Hitler selbst mochte offenbar derart ungezwungene Gesten. Sie waren frei von der üblichen Kriecherei und dem Opportunismus, das sah er wohl.
Dietl war beeindruckend. Er sagte in seinem Bayrisch: I bin an Amphibion, i hob den Ehrendolch von der Marine und den von der Luftwaffe und die Auszeichnungen aller drei Wehrmachtsteile, alles für Narvik. Irgendwie schien er nervös und in einer gewissen Erwartung. Wiederholt fragte er, kommt der Reichsführer SS denn nicht? Doch, doch, der komme bestimmt, wurde ihm bedeutet. Und dann erschien Heinrich Himmler wirklich, durchaus nicht der strahlende germanische Held seiner Rassentheorien. Eher unscheinbar, mit Brille und kurzgeschnittenem Scheitel. Ein ziemlicher Gegensatz zum wettergebräunten General aus den Bergen. Ich hatte die Ohren gespitzt und in ihrer Nähe Platz genommen, um zu erlauschen, was Dietl auf dem Herzen hatte. Und hörte, wie er den Himmler bat: Reichsführer, könnten Sie mir von Ihren Fellwesten nicht 1.500 Stück für meine Soldaten geben. Die sitzen nämlich und frieren, weil sie keine richtige Winterausrüstung haben. Da verfügte also Himmler über Fellwesten, die irgendwo in den Magazinen der SS lagen, und Dietl mußte für seine Gebirgsjäger betteln gehen. Himmler sagte zwar sofort zu. Gewiß, können Sie gerne haben. — Und doch hat mich diese Episode am Rande tief getroffen. Bis dahin hatte ich immer das Gefühl gehabt, im Dritten Reich sei alles bestens geordnet und organisiert. Von da ab wurde ich mißtrauisch und dachte an die warnenden Worte meines Vaters.

Von der Wolfsschanze fuhren wir nach Berlin zurück, um uns beim Oberbefehlshaber der Kriegsmarine, Großadmiral Raeder, nochmals zu melden. Raeder hatte uns zum Frühstück mit der dortigen Admiralität um 14.00 Uhr in den »Kaiserhof« eingeladen. Nun hatten Lehmann-Willenbrock und ich bis in den frühen Morgen anständig einen gehoben. Raeder versuchte immer wieder, aus meinem Dunstkreis herauszukommen, um nicht selbst —. Wem das Herz voll ist, dem läuft der Mund über. Nun, der Mund lief mir nicht gerade über, aber im Laufe des Gesprächs entschlüpfte mir doch eine Bemerkung, die ich gerne zurückgenommen hätte. Als Raeder auf die Problematik der Torpedos zu sprechen kam und fragte, was halten Sie davon, Suhren, erwiderte ich wahrheitsgemäß: Herr Großadmiral, sie sind zwar schlecht, aber es wird ja auch viel vorbeigeschossen. Und das hielt wiederum Raeder dem Dönitz vor: Einer Ihrer besten Kommandanten sagt, es wird viel vorbeigeschossen, und Sie erzählen mir, die Torpedos sind daran schuld. Natürlich lag die Wahrheit auch hier in der Mitte. Ich aber hatte wieder einmal ins Fettnäpfchen getreten, der verfluchte Suhren.

Die Gebrüder Suhren:
rechts Teddy Suhren,
der Seeoffizier,
links Gerd Suhren,
der Ing.-Offizier.

U 564 wird in Dienst
gestellt, der Kommandant
spricht zur Besatzung.

Suhren auf der Brücke von *U 564*, an seiner Mütze und am Turm das Symbol »dreimal schwarzer Kater« (übernommen von Herbert Schultze).

Leinen los!

Im Hintergrund die U-Boot-Bunker.

Auslaufen zur Feindfahrt.

L.I. Ullrich Gabler

Das Turmluk.

Zwei Säulen eines Geleitzuges.

Ein Meisterschuß.

∇ Aus einem Geleitzug
herausgeschossen.

U 564 beim Einlaufen in den U-Boot-Bunker in Brest.

Teddy Suhren (links) nach Rückkehr von einer Feindfahrt im Gespräch mit Kapitänleutnant Mützelburg, der beim Baden tödlich verunglückte.

Im U-Boot-Bunker.

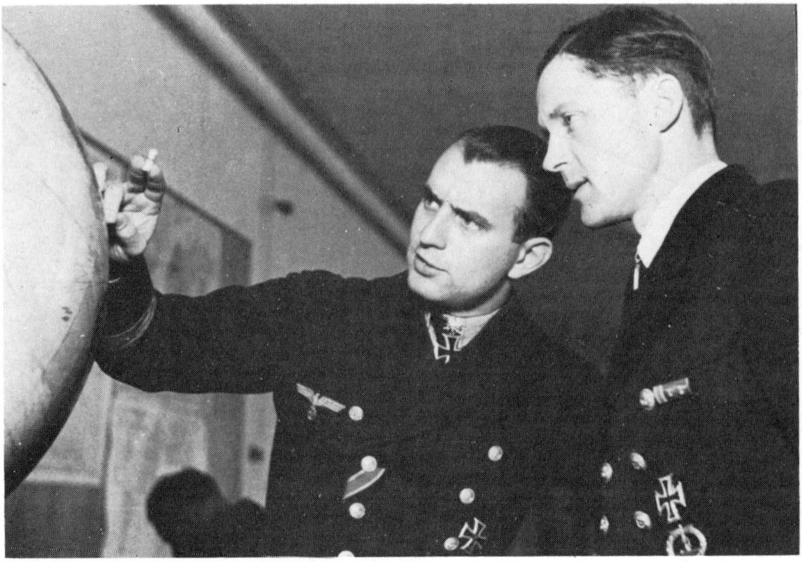

Kommandanten unter sich (Suhren und Rollmann)

Besatzung von *U 564* nach der 15. Feindfahrt.

Sommer im fliegerfreien »Gap«.

Deutsches U-Boot vom Flugzeug beschossen.

Obersteuermann Limburg,
U 564.

Suhren und Gabler

Paris 1942: In der »Sheherezade«.
In der Mitte Teddy Suhren mit Pati Behrs, links Tamara.

Anläßlich seiner Beförderung auf See werden Suhren die von der Besatzung aus Blech gebastelten drei »Kolbenringe« eines Korvettenkapitäns umgelegt.

Korvettenkapitän Teddy Suhren erhält die Schwerter zum Ritterkreuz.

Im Gespräch mit Arbeitern der Germania-Werft.

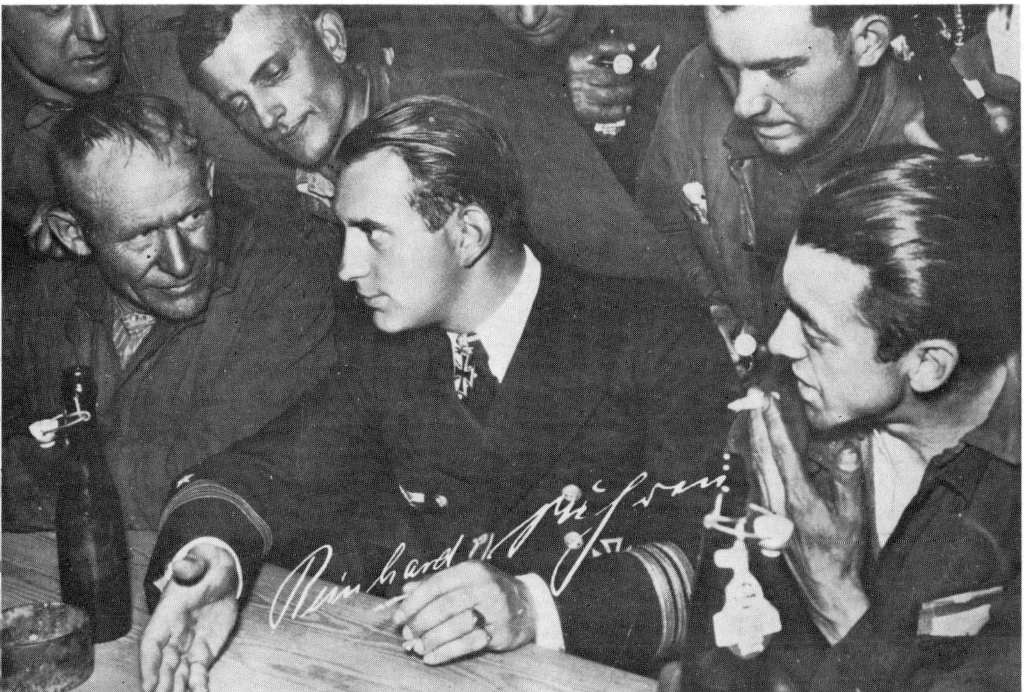

Teddy Suhren und
Erich Topp
(auf dem
Obersalzberg).

NEW YORK TIMES, SUNDAY, DECEMBER 10, 1972

The New York Times

This copy of a photograph from Eva Braun's photo collection shows Martin Bormann, center, with German officers identified as Topp and Suhren during World War II.

Ausschnitt aus der
New York Times,
vom Sonntag, dem
10. Dezember 1972.

Diese Kopie einer
Photographie aus der
Sammlung von
Eva Braun zeigt
Martin Bormann (Mitte)
mit deutschen
Offizieren, identifiziert
als Topp und Suhren,
während des
Zweiten Weltkrieges.

Suhren und
Adalbert Schnee.

Fregattenkapitän Teddy Suhren, Führer der U-Boote Norwegen.

Auf einem Begleitschiff in der Ostsee:
Besichtigung durch Speer (Mitte)
und Großadmiral Dönitz (rechts).

Suhren (2. v.r.) in Narvik.

Angriff auf Murmansk-Geleitzug. Im Vordergrund: Beobachter auf einem Begleitschiff.

Orden und Ehrenzeichen von
Fregattenkapitän Teddy Suhren.
Unten links und rechts Dienstzeitorden,
dazwischen das Eiserne Kreuz 2. Klasse,
darüber das Eiserne Kreuz 1. Klasse, links
davon das U-Boot-Abzeichen, rechts das
goldene U-Boot-Abzeichen mit Brillanten,
darüber das Ritterkreuz mit Eichenlaub und
Schwertern.

Secret.

Monthly Anti-Submarine Report. Anti-U-Boat Division of the Naval Staff.

(d) "STAR-TURN" U-BOAT CAPTAINS

The list of the more successful U-Boat Captains, last published in the January, 1944, Report, is here brought up to date

Name.	Rank.	Date of Award of "Ritter-Kreuz."	Date of Award of "Oak Leaves."	Remarks.
Prien, Gunther	Korvettenkapitan	17.10.39	21.10.40	Dead.
Schultze, Herbert	Korvettenkapitan	2. 3.40	13. 6.41	
Schuart, Otto	Korvettenkapitan	18. 5.40	—	Sank H.M.S. "Courageous."
Rollmann, Wilhelm	Korvettenkapitan	2. 8.40	—	Dead.
Kretschmer, Otto	Korvettenkapitan	8. 8.40	12.11.40	Prisoner of war. Awarded Swords to "Oak Leaves" 7.1.42.
Lemp, Fritz-Julius	Kapitanleutnant	21. 8.40	—	Dead.
Liebe, Heinrich	Korvettenkapitan	22. 8.40	15. 6.41	
Hartmann, Werner	Kapitan-zur-See	2. 9.40	—	
Rosing, Hans	Kapitan-zur-See	3. 9.40	—	S.O., U-Boats (West).
Frauenheim, Fritz	Korvettenkapitan	5. 9.40	—	
Endrass, Engelbert	Kapitanleutnant	10. 9.40	15. 6.41	Dead.
Kuhnke, Gunter	Korvettenkapitan	20. 9.40	—	
Schepke, Joachim	Korvettenkapitan	26. 9.40	20.12.40	Dead.
Jenisch, Hans	Kapitanleutnant	10.10.40	—	Prisoner of war.
Bleichrodt, Heinrich	Korvettenkapitan	29.10.40	23. 9.42	On shore.
Oehrn, Viktor	Korvettenkapitan	29.10.40	—	Prisoner of war.
Luth, Wolfgang	Korvettenkapitan	29.10.40	17.11.42	Awarded Swords to "Oak Leaves" 15.4.43 and Diamonds 9.8.43.
Suhren, Reinhard	Korvettenkapitan	10.11.40	3. 1.42	Awarded Swords to "Oak Leaves" 2.9.42. On shore.
Schultze, Herbert Viktor	Kapitanleutnant	16.12.40	15. 7.41	Dead.
von Stockhausen, Hans-Gerrit	Korvettenkapitan	20. 1.41	—	Dead.
Moehle, Karl-Heinz	Korvettenkapitan	28. 2.41	—	
Lehmann-Willenbrock, Heinrich	Korvettenkapitan	28. 2.41	8. 1.42	
Oesten, Jurgen	Kapitanleutnant	2. 4.41	—	
Schulz, Wilhelm	Korvettenkapitan	8. 4.41	—	
Kuppisch, Herbert	Korvettenkapitan	25. 5.41	—	
Wohlfarth, Herbert	Kapitanleutnant	25. 5.41	—	Prisoner of war.
Schewe, Georg	Kapitanleutnant	25. 5.41	—	
Korth, Klaus	Kapitanleutnant	3. 6.41	—	
Hessler, Gunther	Korvettenkapitan	30. 6.41	—	
Topp, Erich	Korvettenkapitan	4. 7.41	11. 4.42	Awarded Swords to "Oak Leaves" 17.8.42. On shore.
Metzler, Josef	Korvettenkapitan	1. 8.41	—	
Schnee, Adalbert	Kapitanleutnant	10. 9.41	15. 7.42	On shore.
Mutzelburg, Rolf	Kapitanleutnant	23.11.41	15. 7.42	Dead.
Mengersen, Ernst	Kapitanleutnant	23.11.41	—	
Guggenberger, Friedrich	Kapitanleutnant	20.12.41	9. 1.43	Sank H.M.S. "Ark Royal." Prisoner of war.
Scholtz, Klaus	Kapitanleutnant	7. 1.42	10. 9.42	
Kentrat, Eitel-Friedrich	Korvettenkapitan	7. 1.42	—	
Bigalk, Gerhardt	Kapitanleutnant	7. 1.42	—	Sank H.M.S. "Audacity." Dead.
Gysae, Robert	Kapitanleutnant	7. 1.42	31. 5.43	
von Tiesenhausen, Freiherr	Kapitanleutnant	27. 1.42	—	Sank H.M.S. "Barham." Prisoner of war.
Hardegen, Reinhard	Kapitanleutnant	18. 2.42	23. 4.42	On shore.
Witte, Helmut	Kapitanleutnant	7. 1.42	—	
Clausen, Nikolaus	Korvettenkapitan	14. 3.42	—	Dead.
Mohr, Johann	Kapitanleutnant	28. 3.42	15. 1.43	Dead.
Ites, Otto	Oberleutnant	8. 4.42	—	Prisoner of war.
Zapp, Richard	Korvettenkapitan	5. 5.42	19. 5.42	
Bauer, Ernst	Kapitanleutnant	18. 3.42	—	On shore.
Winter, Werner	Korvettenkapitan	8. 6.42	—	
Cremer, Erich	Kapitanleutnant	8. 6.42	—	
Kraus, Hans Werner	Kapitanleutnant	20. 6.42	—	Prisoner of war.
Merten, Karl-Friedrich	Korvettenkapitan	23. 6.42	18.11.42	
Schultze, Heinz Otto	Kapitanleutnant	15. 7.42	—	

Auszug aus einem Geheimbericht der Britischen Admiralität.

Nach dem Essen verabschiedete sich Raeder und fuhr alleine davon. Ehe die Admiralität auch aufbrach, bemerkte ich: Im Nebenzimmer ist noch viel übriggebliebener Alkohol aufgebaut, ich erlaube mir, Sie herzlich einzuladen. Diese Admiräle waren alles nette Kerle, die uns junge Offiziere im Grunde beneideten; denn um Flottenführer zu werden und sich auszuzeichnen, fehlten ihnen die Geschwader. Es gab nur ganz wenige Dickschiffe, die *Tirpitz*, und für die Jüngeren *Scharnhorst* und *Gneisenau*, allenfalls noch *Hipper* und *Lützow*. Flottenchef war nur einer geworden, Admiral Lütjens, und der war schon mit der *Bismarck* fort und von der Zerstörerflottille her nicht mein Freund gewesen.

Hier aber freuten sie sich unserer Erfolge. Als wir so unsern Spaß hatten, fragte einer von ihnen, ich weiß nicht mehr wer: Sagen Sie, Suhren, zu welcher Crew gehören Sie eigentlich? — Ach, erwiderte ich, darüber sprechen wir lieber nicht, ich stehe doch ganz hinten und werde fast am Schwanz geführt (und gedachte des Unrechts der Marineschule, und wie mich die Vergangenheit doch wieder einmal eingeholt hatte). Da kam es aber, weshalb und wieso, die Luftwaffe befördert doch auch vorzeitig, warum machen wir das denn nicht? Sie sind Eichenlaubträger und noch immer Oberleutnant, das ist doch lächerlich. Also, hier, Schulte-Mönting, tragen Sie das dem Großadmiral doch mal vor, daß wir den Suhren zum Kapitänleutnant machen. Ja, meinte der letztere, das ist eine gute Idee.
In meiner beschwingten Stimmung ging mir das zu einem Ohr rein und zum andern wieder raus. Anderntags war ich wieder bei Großadmiral Raeder, um mir das mit dem Eichenlaub verbundene goldene U-Boot-Abzeichen mit Brillianten abzuholen. Da erklärte Raeder unvermittelt: Suhren, auf Grund Ihrer Verdienste befördere ich Sie hiermit zum Kapitänleutnant. Admiral Schulte-Möntig stand hinter Onkel Erich und lächelte. Ich muß ein ziemlich verblüfftes Gesicht gemacht haben; denn Raeder fragte: Suhren, was ist mit Ihnen, glauben Sie das nicht, das kann ich . . .
Somit wurde ich einen Tag nach dem Eichenlaub mit dem 1.1.1942 Kapitänleutnant.

Beim Abschied meinte Raeder noch, ich müsse morgen noch einmal zu ihm kommen. Das U-Boot-Abzeichen mit Brillianten, eine Sonderanfertigung, sei noch nicht fertig. Ich erwiderte, Herr Großadmiral, das geht schlecht. Mein Boot ist nach monatelanger Reparatur endlich wieder auslaufbereit, ich kann es nicht noch einen Tag länger warten lassen.
Da meinte der Oberste von allen: Und wenn ich Ihnen nun mein Flugzeug zur Verfügung stelle, sparen Sie doch den Tag ein, geht es dann nicht? — Jawohl, Herr Großadmiral, dann geht's.

So bin ich also ganz allein mit einem Kurier in Raeders Maschine von Berlin nach Lorient geflogen. Das hatte es noch nie gegeben, und ich war noch so alkoholselig, daß selbst der strenge Raeder es spaßig fand. Und das wollte schon was heißen. . .

Die nächste Reise führte mich mit *U 564* weit weg von den bisherigen Schauplätzen zur amerikanischen Ostküste. Deutschland und Italien hatten im Dezember 1941 den Vereinigten Staaten den Krieg erklärt und damit einen Zustand legalisiert, der durch amerikanische Lieferungen von Kriegsmaterial an Großbritannien, durch unverhüllte Drohungen an die Achsenmächte und bewaffnete Zwischenfälle auf dem Meere mehr oder weniger bereits bestand. Doch der Himmel ist hoch, und Amerika ist weit, so zwischen 3.000 bis 4.000 Seemeilen. Um es dort anzugreifen, wo man es am wenigsten erwartete, nämlich unmittelbar vor seiner Haustüre, bedurfte es eines langen Armes, den unsere bisherigen U-Boot-Typen nicht ohne weiteres hergaben. Wir hatten Mühe, die dazu nötigen Mengen Treibstoff und auch Proviant in unseren engen Räumlichkeiten unterzubringen. Immerhin gelang es, am 13. Januar 1942 einen Angriff auszulösen, der als »Unternehmen Paukenschlag« bekannt geworden ist.
Aus einem Schlagabtausch auf Distanz wurde auf den stark befahrenen Routen der amerikanischen Küstenschiffahrt ein Nahkampf, der vom St. Lorenz-Strom bis in den Karibischen Raum reichte. Unsere Erfolge waren groß. Im Monat Januar wurden allein 62 Schiffe von nur einer Handvoll U-Boote versenkt, die man sich an zehn Fingern abzählen konnte. Da waren Kommandanten wie Hardegen, Topp, Zapp und andere dabei, die auf die Pauke hauten. Der hochgestimmte Hardegen hatte den Einfall, seine Erfolge in Versform zu melden, kannte aber Dönitz schlecht. Als ich den gereimten Funkspruch mithörte, dachte ich nur au wei, au wei, au wei, da hast du aber gehörig ins Fettnäpfchen getreten; denn sowas mag der Löwe nun ganz und gar nicht. Das erwartete Donnerwetter blieb zwar aus, dafür grollte es unüberhörbar, solche Sachen hätten gefälligst zu unterbleiben.

Ich gelangte erst mit einer zweiten Welle über den großen Teich. Der L.I. hatte jedes Loch und sozusagen jedes Zahnputzglas mit Treibstoff gefüllt. Bei sparsamster Marschfahrt und geringstem Verbrauch quälten wir uns bis in die Nähe von Kap Hattaras, wo nach unserer Meinung die Tonnage nur so auf uns wartete. Kap Hattaras ist ein sehr belebter Ansteuerungspunkt. Es kam jedoch alles ganz anders.
Zwar gelang es mir noch zuvor, den kanadischen Tanker *Victolite* abzuschießen, einen fetten Brocken von 11.500 Tonnen. Dann aber, nahe beim

Kap, meldete mir die Besatzung am 13. Februar: »ein deutsches U-Boot kommt uns entgegen«. Es handelte sich um *U 106* unter meinem Crewkameraden Harald Gelhaus. Die Sicht war nicht gut. Die Abenddämmerung setzte schon ein, das warme Wasser des Golfstroms dampfte in der winterlichen Luft. Ich hatte etwas geschlafen und rieb mir noch die Augen, als das Boot in den Schwaden erschien. Sein Abstand war schwer festzustellen, jedenfalls verschätzte ich mich gründlich. Der Eins W.O. machte mich noch in letzter Minute aufmerksam, daß wir hart abdrehen müßten, doch war es schon zu spät. Dreimal A.K. zurück brachten mein Boot auch nicht mehr zum Stehen. Es krachte mit einem ekelhaften Geräusch, und als ich mir den Schaden besah, hatte ich meinem Freunde Gelhaus den Brennstoff-Tank aufgeschnitten.

Gelhaus schimpfte natürlich Mord und Brand, obwohl er schon zurückfuhr und nichts mehr erreichen konnte. Wer Grund zum Schimpfen hatte, war eigentlich ich. Ich schimpfte in mich hinein und wäre am liebsten außenbords gesprungen; denn ich hatte mir durch den Zusammenstoß alle vier Mündungsklappen der Torpedorohre verbogen und konnte nun nicht mehr schießen. Ich mußte an Gelhaus auch noch einige Tonnen Treibstoff für die Rückkehr überpumpen. Wenn ich auch noch drei Tage später den britischen 6.000-Tonnen-Tanker *Opelia* unter Geschützfeuer nehmen konnte, war die ganze lange Fahrt doch umsonst gewesen.

Als ich mich, wider alle Gewohnheit ziemlich kleinlaut, zurückmeldete, sah mich Dönitz von oben herunter an und sagte nur noch: Du Zuckerbäcker!

Die Panne von Kap Hattaras habe ich danach in der Florida-Straße ausgeglichen und in knapp zwei Wochen sechs Schiffe mit insgesamt 40.000 Tonnen versenken können. In jenem 100 Seemeilen breiten Meeresdurchgang zwischen Florida und den Bahamas, der den Golf von Mexiko mit dem Atlantik verbindet. Es ist einer der meistbefahrenen Schiffahrtswege überhaupt. Obwohl unsere U-Boote schon im Januar hier ihr Unwesen getrieben hatten, erstrahlten die großen Badeorte aus Geschäftsrücksichten noch immer im vollen Lichterglanz, und Leuchttürme und Bojen brannten wie im tiefsten Frieden. Es hat lange gedauert, bis die überraschten Amerikaner begriffen, was sich hier eigentlich tat, die Straße zum besonders gefährdeten Kriegsgebiet erklärten und ihre anfänglich nur schwache Abwehr gehörig verstärkten. Erst sechs Monate nach Kriegsbeginn, nämlich am 15. Mai 1942, wurde die Florida-Straße total verdunkelt.

Um überhaupt dorthin zu gelangen, wurde *U 564* unterwegs von einer sogenannten »Milchkuh« neu aufgetankt. Das waren besonders große, kürz-

lich als Treibstoffträger in Marsch gesetzte Unterseeboote, mit denen wir uns im Atlantik trafen.
Wir schrieben bereits Anfang Mai. Ein anderes Boot hatte einen Funkspruch abgegeben: Eindringen in die Florida-Straße wegen starker Abwehr nicht möglich! Und diese starke Abwehr habe ich zu spüren bekommen; denn nach dem langen Anmarsch haben mich alle noch so gut gemeinten Warnungen nicht zurückhalten können. Ich habe die ganze Florida-Straße von Norden nach Süden der Länge nach durchfahren, teils an den Bahamas, teils an der amerikanischen Küste entlang. Nachts tauchten wir auf und zogen im phosphoreszierenden Golfstrom immer ein leuchtendes Kielwasser hinter uns her. Das war insofern unangenehm, als wir in mittleren Höhen von Flugzeugen überflogen wurden. Ich stoppte dann jedesmal das Boot in der Ungewißheit, hat der uns nun gesehen oder nicht, wirft der nun Bomben oder keine. Sicher hatten sie uns mit ihrem Radar erfaßt, waren aber wohl gleichfalls im Zweifel, ob es sich nicht doch um eines ihrer Patrouillenboote oder um eine andere kleine Einheit handelte. Zuweilen strahlten sie auch mit Scheinwerfern, und dann wurde es brenzlig.
Sehr zu schaffen machten uns die kleinen motorisierten Patrouillenboote der Coast Guard, die mit Kanonen und Wasserbomben durch die Straße jagten. Ford-Kanonenboote nannten wir sie, weil sie angeblich von Ford auf die Schnelle produziert wurden. Ich war einmal unentschlossen, wie ich mich ihnen gegenüber verhalten sollte, es war querab von Miami, ging weder auf Sehrohrtiefe noch auf größere Tiefen und bekam als Quittung für mein Schwanken auf 50 Meter ganz schwere Brocken.
Diese Bomben trafen uns zwar nicht direkt, beschädigten aber im Boot selbst allerlei. Das schlimme war meiner Überzeugung nach, daß sie sich auf die in den Rohren steckenden Torpedos auswirkten. Durch die harten Schläge geht entweder die Pistole, der Zündmechanismus, kaputt oder die empfindliche Apparatur der Winkel- und Tiefensteuerung wird beeinträchtigt. Jedenfalls sind die Aale in den Rohren nach starken Wasserbombenangriffen nicht mehr dorthin gelaufen, wohin sie sollten, oder nicht detoniert.
Mir sind vor Key West, dem südlichsten Zipfel der USA, drei Frachter vom Victory-Typ begegnet. Sie waren leer, glänzten im Schmucke frischer Farben, liefen hintereinander und kamen offenbar frisch von der Stange, das heißt von der Werft. Ich habe die Torpedos auf drei Meter Tiefe eingestellt, um nicht drunter weg zu schießen, und sie aus der relativ geringen Entfernung von 1.200 Metern aufs Korn genommen. Und nichts passierte — gar nichts! Ich hörte die Aufschläge unter Wasser und sah durchs Sehrohr, wie drüben Leute über Bord schauten, nichts weiter. Und das waren

alles fette Brocken. Jedes der Liberty-Schiffe vom laufenden Band war zu 6.000 BRT vermessen und konnte 10.000 Tonnen Ladung nehmen, und jedes Victory-Schiff war seine 8.000 BRT groß und trug noch mehr. Immerhin, ich bekam meine 40.000 Tonnen zusammen, darunter den Tanker *Eclipse*, dessen Brand und Untergang die ganze Florida-Straße aufscheuchte. Alle diese Dinge kamen nach Rückkehr in den Stützpunkt im Vortrag vor Dönitz zur Sprache: die zunehmende Technisierung der feindlichen Abwehr, deren Flugzeuge schon imstande schienen, uns durch Radar zu orten, ihre erhöhten Reichweiten, die den »Gap« einzuengen begannen, das Mitführen von Scheinwerfern, die uns zielsicher anleuchteten, neue, wirkungsvolle Wasserbomben, zum Mitführen in Flugzeugen entworfen. Oder auch die Sicherheit unserer verschlüsselten Funksprüche.

Während der Reise nach Florida war bei uns schon eine mit vier Walzen ausgestattete Schlüsselmaschine (Enigma) im Gebrauch. Sie war der früheren, mit drei Walzen arbeitenden überlegen und bereitete den Alliierten ein gutes halbes Jahr lang einen totalen black-out, der es ihnen unmöglich machte, die zwischen der Befehlsstelle und den U-Booten gewechselten Funksprüche zu »knacken«. Was wir aber nicht wußten und mißtrauisch blieben.
Wie mir ein Kamerad erzählte, hatte sich Kapitän zur See Rogge nach Rückkehr für die Rettung seiner Besatzung bedankt. Die U-Boote hatten die Leute des vernichteten Hilfskreuzers aufgenommen.
Im Laufe des Gesprächs soll Rogge den leisen Verdacht geäußert haben, daß unser Funkschlüssel »undicht« sein könne. Auf diese Vermutung habe Dönitz sehr heftig reagiert, wohl »weil nicht sein kann, was nicht sein darf«. Das mag nun stimmen oder nicht. Natürlich muß ein Befehlshaber vermeiden, daß sich derartiges herumspricht. Die Folgen wären unabsehbar. Deshalb kann ich seinen Ärger, den er offenbar zum Ausdruck gebracht hatte, gut verstehen. Wir hatten jedenfalls schon die vierte Walze, und der Funkschlüssel war für längere Zeit wieder water tight.

Nach dem Vortrag bei Dönitz ging man in die »Sheherezade«. Es ist müßig, darüber nachzudenken, warum gewisse Plätze eine beondere Anziehungskraft auf bestimmte Personenkreise ausüben. Machte es die Umgebung, die Atmosphäre, die Musik, war der Zufall im Spiel oder etwa alles zusammen? Die »Sheherezade« war eine erstklassige Bar irgendwo in Paris. Sie war der Treffpunkt, das Stammlokal der U-Boot-Offiziere. Selbst Dönitz scheute sich nicht, gelegentlich einmal vorbeizuschauen. Mich hatte zuerst Bleichrodt dorthin mitgenommen.

Die »Sheherezade« war ein Aufatmen nach der Feindfahrt und gewöhnte den einzelnen wieder an Land und Leute, an Menschen überhaupt. Sie begrüßten einen dort sehr herzlich. Hallo —, die U-Boote sind wieder da. Ebensooft konnte man aber auch Tränen in den Augen der jungen Frauen sehen, wenn sie mit weiblicher Intuition fühlten, daß »ihr« U-Boot nicht wiederkam. Zögernd tasteten sie sich heran: Hast Du was von Bertel gehört? Es blieb einem dann nichts anderes übrig, als vage auszuweichen. Och, der kommt sicher noch, certainement, gewiß kommt der noch, und so — obwohl man wußte, daß der sich schon seit vier Wochen nicht mehr gemeldet hatte. Vier Wochen Funkstille waren gleichbedeutend mit einem Todesurteil. Eine geringe Hoffnung bestand noch, daß der Engländer die Gefangennahme von Überlebenden meldete. Das dauerte aber zuweilen auch seine Zeit, eine Zeit quälender Ungewißheit. . .
Ich erinnere mich der blonden Natascha mit ihren schulterlangen Haaren, der Monique, einer ebenso klugen wie hübschen Chansonette, und der Pati. Die Pati heiratete nach dem Einmarsch der Alliierten einen amerikanischen Kriegskorrespondenten. Der ließ sie mit zwei Kindern drüben sitzen, wurde geschieden und ehelichte eine bekannte deutsche Filmschauspielerin.
Frankreich war billig und unsere Löhnung, die sich noch dazu durch eine in allen Marinen übliche Tauchzulage aufgesummt hatte, reichlich bemessen. Alles wurde ausgegeben, nach dem Motto »Hurra, wir leben, wer weiß, was morgen ist«. Ich kam eines Tages in den Befehlsstand, als mich Dönitz fragte: Na, Suhren, wie war es? — Wunderbar, Herr Admiral, alles Geld auf'n Kopp gehauen.
Hast Du denn kein Geld mehr? — Nein, Herr Admiral, das ist restlos weg. Und dann wandte der sich an seinen Adjutanten: Fuhrmann, holen Sie doch mal 400 Mark aus meiner Privatschatulle. Die geben Sie dem Suhren, damit er überhaupt etwas Bewegungsgeld in der Tasche hat.
Mit diesem Geld bin ich sparsamer umgegangen und zu meinen Eltern nach Dresden in Urlaub gefahren.

VIII.

Sommer 1942. Wir hatten die Biskaya bereits passiert und steuerten westwärts. Der B.d.U. hatte mir Handlungsfreiheit gegeben und nochmaliges Auftanken im Atlantik durch eine »Milchkuh« zugesagt. Eine verhältnismäßig ruhige Überfahrt lag vor uns. Plötzlich, wie so oft im Kriege, hieß es wieder: Alles auf Null, zurück das Ganze! Ein Luftaufklärer meldete einen Geleitzug mit Süd-Kurs. Da wir in der Nähe standen, wurden wir hinterhergejagt. Der angegebenen Position nach müßten wir in drei Stunden mit ihm Fühlung haben, rechnete mir der Obersteuermann vor.

Mein Platz ist wieder auf der Brücke. Bei ruhiger See und guter Sicht läuft *U 564* mit 15 Knoten in die vermeintliche Richtung des Gegners. Nach drei und vier Stunden ist noch immer nichts zu sehen, und die Standortmeldungen der Luftaufklärung erweisen sich wieder einmal, umständebedingt, als unzuverlässig. Jetzt kann uns eigentlich nur noch der Zufall zusammenführen. Wir behalten unsern Kurs bei, gehen aber mit der Fahrt auf 12 Knoten herunter.

Während die Wachen sich ablösen, bin ich schon fünf Stunden auf den Beinen. In einer weiteren Stunde wird die Abenddämmerung einsetzen. Da —, ein wenig seitlich voraus, verschwimmt der sonst so scharfe Horizont, als hätte man ihn radiert. Auf 91 Grad gehen, beide Maschinen große Fahrt! Nach zwanzig Minuten tauchen rechterhand Mastspitzen auf. Der Geleitzug!
Ab mit der Fühlungshaltermeldung, Quadrat XYZ. Kaum ist der Funkspruch heraus, da ruft der achtere Ausguck auch schon: Flugzeug! Wir bekommen eben noch mit, daß außer uns drei weitere Boote angesetzt sind, da beginnt die alte Leier. Alarm!
Runter, runter. Die Biene muß uns schon gesehen habe. Tauchzelle 5 faucht bereits mit der entweichenden Luft, als ich als letzter hinunterspringe und das Turmluk hinter mir schließe. Stark nach vorne geneigt gleiten wir in die Tiefe. Bei 60 Meter lasse ich durchpendeln. Jetzt müßten die Bomben fallen, und es ist wichtig, das Boot auf ebenem Kiel zu haben, wenn sie detonieren. Alles geht klar, der L.I. hat wie immer das Boot fest im Griff. Und die Bomben bleiben aus. Also vorsichtig wieder hoch: 20 Meter, 16 Meter, 14 Meter, Boot ist auf Sehrohrtiefe! Ein schneller Rundblick, Flugzeug ist verschwunden. Auftauchen! Rundblick mit dem bloßen Auge. Nichts zu sehen, auch kein Geleitzug mehr, dessen Mastspitzen eben

noch da waren. Die Weite hat sie wieder verschluckt. Seh ich richtig, eine einzelne zeigt sich noch. Warum wandert sie nicht aus? Verdammt, das ist ein Bewacher, der direkt auf uns zukommt. Alarm, auf 100 Meter gehen! Dasselbe noch einmal.

Frage an Horchraum: Hört Ihr was? Ja, Horchpeilung wird lauter. Da kommt was auf uns zu. Ich ändere Kurs um 60 Grad und laufe schräg ab. Horchpeilung wandert vorbei, Lautstärke nimmt ab, keine Ortungsgeräusche mehr. Frage mich, ob das Flugzeug uns gesehen, ob wir dem Bewacher unter die Augen kamen oder ob die Maschine wie üblich um den Geleitzug zirkelt, um von vornherein Boote unter Wasser zu drücken.

L.I., wir gehen wieder auf Sehrohrtiefe! Immer dieses Rauf und Runter wie im Fahrstuhl. Diese verteufelte Luftsicherung der Alliierten. An Kommandant: Boot steigt, 50 Meter, 40 Meter, 30 Meter, 20 Meter, 15 Meter. Das Sehrohr ist ausgefahren, nur für Sekunden. Nichts zu erkennen. Nochmal das Gleiche, diesmal aber langsam. Oben wird es dunkel, die Nacht zieht herauf. Eins W.O. und Zwo W.O. zum Kommandant! Hört mal zu, wenn wir jetzt auftauchen, verteilen wir uns auf die vier Sektoren und kieken, Holzauge, sei wach!

U 564 durchbricht die Oberfläche. Im Nu sind wir draußen. Ringsumher scheint alles leer. Tauchzellen ausblasen, beide Diesel große Fahrt voraus, Kurs 126 Grad, Brückenwache aufziehen! Ich greife zum Glas. Die Nacht ist zwar dunkel, der Horizont aber scharf zu erkennen. So vergehen dreißig Minuten. Frage an Obersteuermann: Wo ist der Geleitzug? Nach Koppeln sollte er jetzt etwa drei Seemeilen vor uns stehen.

Tut er aber nicht, bleibt spurlos verschwunden. Auch die andern Boote haben keinen Kontakt. Funkspruch vom B.d.U.: Boote einen Suchstreifen bilden von Quadrat X bis Quadrat Y, Kurs Null Grad, 10 Seemeilen. Positionen Suchstreifen sind bis morgen 8.00 Uhr einzunehmen.

Wir haben die westliche Position. Ich beschließe, mit hoher Fahrt erst Südost zu steuern und dann Südwest, um vielleicht den Kurs des Geleitzuges zu kreuzen. Die W.O.s lösen sich ab. Der Obersteuermann findet seine Vollbeschäftigung an der Seekarte, ich bleibe die ganze Zeit auf der Brücke.

So erreichen wir pünktlich das uns vorgeschriebene Quadrat. Aber alles ist leer, von Schiffen keine Spur.

Der Suchstreifen gefällt mir nicht, und ich setze einen entsprechenden Funkspruch ab: Vermute Geleitzug südöstlich meines Standortes. Der B.d.U. antwortet umgehend: Aufklärungsstreifen aufgehoben, nachmittags 16.00 Uhr müssen andere Positionen erreicht sein, und gibt neue Daten. Laufe volle Fahrt, und gehe auf Kurs 154 Grad.

Nach anderthalb Stunden meldet der W.O. wieder ein Flugzeug voraus. Eine Sunderland, wie sie für die Geleitsicherung typisch ist. Jetzt müssen auch bald die Schiffe kommen. Mittlerweile ist es 12.00 Uhr geworden, und die Spannung der Brückenwache steigt aufs höchste. Man stiert krampfhaft zum Horizont, auf dem sich jeden Augenblick etwas tun kann. Tatsächlich, habt Ihr das gesehen —, eine Rauchwolke, eine Rauchwolke! Erst schwach und verweht, verdichtet sie sich mehr und mehr. Das ist der Geleitzug, endlich! — Obersteuermann, Gegner peilt 150 Grad, Entfernung etwa 15 Seemeilen. Suchen Sie das Quadrat raus, Funkmaat soll Fühlungshalter-Meldung abgeben.
Und nun setzt die gezielte Verfolgung ein. *U 564* steht sehr weit hinterher. Zum Tagesangriff langt es nicht mehr, aber in der Nacht müßte es klappen. Die Motoren laufen äußerste Kraft. Die See ist relativ ruhig, Stärke drei. Da —, schon wieder ein Flugzeug!
Runter mit dem Fahrstuhl, ein Stockwerk tiefer. Erspähe durchs Luftzielsehrohr die näherkommende Maschine, die an Steuerbord vorüberschwenkt und wieder verschwindet. Auftauchen!
Noch zweimal geht es in Minutenschnelle der Flugzeuge wegen hoch und wieder runter. Als sich die Dämmerung ausbreitet, haben wir das Geleit querab. Nähern uns vorsichtig, um es auf keinen Fall wieder aus den Augen zu verlieren. Sind auch noch nicht weit genug vorne, um erfolgversprechend angreifen zu können. Die Frachter stehen etwa drei bis vier Seemeilen ab. Durchs Glas kann ich die Bewacher erkennen, zwei bewegen sich an der Spitze und zwei weitere auf unserer Seite. Noch etwa 1.000 Meter, dann werde ich vier gezielte Schüsse abgeben. Da, im letzten Augenblick, scheint einer der Bewacher Lunte gerochen zu haben, kommt mit hoher Fahrt in unsere Richtung und drängt uns ab. Verfluchte Kiste! Wir zeigen ihm das Heck.
Daß nur nicht wieder die Fühlung abreißt. Doch ehe wir gezwungen sind zu tauchen, läuft der Bewacher zum Geleit zurück und wir wieder näher heran. Das Ganze wiederholt sich noch zwei, dreimal, es ist ein fortwährendes Hin und Her. Kurz vor dem Schuß geht immer etwas schief. Das ist ein Geduldspiel, das Nerven kostet und uns von Fall zu Fall ein Stückchen zurückwirft.
Im Osten graut es schon, ein neuer Tag tastet sich über das Wasser. Wir laufen westlich vom Geleit im dunklen Horizont und sehen, ohne selbst gesehen zu werden. Ich war die ganze Nacht hindurch auf der Brücke. Die außerordentliche Spannung vertreibt die Müdigkeit, nur schmerzt mein Rücken wie immer beim langen Stehen. Man muß es eben in Kauf nehmen und durchhalten.

Es wird ein klarer, ruhiger Morgen. Und als die Sonne aufgeht, haben wir den Geleitzug doch aus den Augen verloren und befinden uns infolge der vielen Manöver fast 18 Seemeilen dahinter. Die Mastspitzen haben sich schon lange in Luft aufgelöst, dafür erscheint von Zeit zu Zeit eine Rauchwolke. Fast auf die volle Stunde genau kehrt sie wieder. Eines der Schiffe heizt offenbar mit Kohle und stockert jede Stunde seine Kesselfeuer durch. Für uns ist das ein Anhaltspunkt, von dem der Betreffende nichts weiß.
Ich konzentriere mich nur noch auf diese Rauchwolke und ermahne den Ausguck, mich nicht durch sein Gebrüll zu erschrecken. Man soll mich frühzeitig und in aller Ruhe auf Störungen hinweisen. Meine Nerven sind auch nicht von Stahl. Wie gesagt, ich hänge also an dieser Rauchwolke, damit mir nicht die Augen zufallen. Da höre ich auch schon den Posten zur Rechten nebensächlich und wie von obenhin »Flugzeug« sagen. Was ist —, war ich doch eingenickt? Wieder schwirrt da eine Sunderland durch die Gegend, sehr weit entfernt. Und das alte Spiel wiederholt sich: Tauchen, L.I., bitte das Boot auf Sehrohrtiefe einsteuern! Kaum habe ich die Maschine mit der Optik erfaßt, da ist sie auch schon wieder fort, und wir tauchen hinter ihr auf.
So geht das den ganzen Tag, den ganzen lieben langen dritten Tag, den wir mit diesem Geleitzug vertrödeln. Um nicht schon aus der Luft als Fühlungshalter erkannt zu werden, halte ich mich absichtlich in einer gewissen Distanz, die von den Sicherungsflugzeugen regelmäßig umkreist wird. Sie beträgt ungefähr 25 Seemeilen, und das Flugzeug kommt etwa alle 45 Minuten vorbei. Dabei verlieren wir durch Tauchen jedesmal eine Viertelstunde, die es nachher aufzuholen gilt. Es ist zum Kotzen. Kurz vor der Abenddämmerung erscheint ein anderes deutsches U-Boot, das unseren Kurs von rechts nach links kreuzt. Durch meinen Bootsmaat lasse ich rübermorsen: K(ommandant) an K(ommandant), ich habe Fühlung. Gehen Sie auf gleichen Kurs wie ich und nicht näher an den Geleitzug heran! Drüben hat man verstanden.
Ich gebe weitere Informationen: Geleitzug peilt von mir aus 60 Grad, ist etwa 20 Seemeilen entfernt. In zehn Minuten gehe ich mit Höchstfahrt auf 90 Grad! Wenn der jetzt nicht mitzieht, kann die ganze Fühlungshalterei umsonst gewesen sein. Wie im Grunde erwartet, ist auch er für Teamwork, und so hoffen wir, in einer guten halben Stunde die Frachter in voller Größe vor uns zu haben. Doch wieder einmal, ganz unvermittelt: Alarm! Von achtern kommt ein Flugzeug auf, das mit einem starken Scheinwerfer das Wasser absucht. Als ich in den Turm springe, sehe ich noch, wie die Maschine hinter meinem Heck vorbeifliegt und mit ihrem gleißenden Lichtkegel auf das andere Boot einschwenkt. Später ist von dem anderen Boot

nichts mehr zu sehen und zu hören. Ich weiß nicht, ob es mit dieser Begegnung zusammenhängt, aber es blieb seitdem verschwunden.

Es ist die vierte Nacht. Wir stoßen mit Höchstfahrt ins Ungewisse. Dorthin, wo der nachtdunkle Horizont von Schatten und Rauch leicht verwischt ist. Etwa um Mitternacht haben wir den Geleitzug überholt, ich drehe um und laufe ihm aufgetaucht nordwärts entgegen. Mit einer addierten Geschwindigkeit von fast 25 Knoten kommen wir aufeinander zu. Das ist sehr fix, und ich muß mich, übermüdet oder nicht, schon sehr zusammenreißen; denn die nächste Viertelstunde oder so bringt das Ergebnis einer Verfolgung von drei Tagen und vier Nächten.
Mein Manöver ist ungewöhnlich und beinahe halsbrecherisch. Wenn ich bisher aus der üblichen Schußposition von 45 Grad seitlich angriff, wurde ich oft von den Bewachern erfaßt und abgedrängt. Von vorne hoffe ich sie zu überraschen. Nur, wie komme ich aus der Längsrichtung des Geleitzuges an die Seite?
Der Geleitzug dampft in drei deutlich erkennbaren Kolonnen heran. Ich habe die mittlere genau vor mir und ziehe nun *U 564* nach links zur westlichen. Es ist atemberaubend, wie die Schatten der vorderen Bewacher vorbeiwandern, ohne uns gewahrzuwerden. Wir stehen wie auf glühenden Kohlen. Keiner sagt ein Wort, man hört nur unterdrücktes Keuchen. Ich ziehe das Boot noch weiter links rüber und liege nun zwischen der äußeren Kolonne und dem seitlichen Bewacher, also innerhalb der Sicherung. Ich stoppe die Diesel und beobachte den Bewacher. Auch er torkelt vorüber. Hinter ihm ziehe ich das Boot auf Schießkurs, bin aber nun zu nahe an den hohen Frachtern. Müßte mindestens 400 bis 500 Meter Abstand haben und gehe mit dem Boot rückwärts, für einen U-Boot-Kommandanten in dieser Lage ein heikles Manöver. Auf was lasse ich mich da eigentlich ein, ist das Ganze nicht schon heikel genug?
Entfernung 800 Meter, der erste Dampfer schiebt sich ins Zielfernrohr. Rohr 1 — los! Rohr 2 — los! Rohr 3 — los! Und auf das vierte Schiff: Rohr 4 — los! Ruder hart Backbord, und dann mit beiden Maschinen äußerste Kraft voraus und ab dafür. *U 564* läuft eben auf vollen Touren, da höre ich eine Detonation, zwei Detonationen, und im gleichen Moment ist hinter uns die Hölle los . . .
Rote, grüne, gelbe, weiße Feuerstöße sausen durch die Luft. Ein Flammendom unvorstellbaren Ausmaßes erhellt die Nacht und läßt die Silhouetten der Schiffe hervortreten. Das ist Munition —, den einen Dampfer hat es buchstäblich zerrissen. Was heißt zerrissen, seine tödliche Ladung hat ihn förmlich aufgelöst. Ein elementarer Knall und die Druckwelle fegen hinter

uns her. Am Himmel eine zuckende Farbenorgie, die sich im Wasser widerspiegelt. Unter immer neuen Eruptionen regnet es Trümmer, die um uns herum ins Meer klatschen und meterhohe Fontänen hochschießen lassen. Um die Leute vor dem umherfliegenden Eisen zu schützen, habe ich sie nach unten geschickt. Ich selber bin von dem noch nie gesehenen Bild so fasziniert, daß ich auf dem Turm im Freien bleibe, nur vom Zielgerät etwas gedeckt. Es zuckt und blitzt, es zischt und kracht, und im Hintergrund der alles überstrahlende Feuervorhang. Jetzt schiebt sich zwischen uns und dem glühenden Ball rabenschwarz der schräge Bug einer Fregatte hindurch. Wozu haben wir einen Filmberichter an Bord? Das muß in voller Länge festgehalten werden! Ich rufe, P-K-Mann auf die Brücke! P-K-Mann, schnell, schnell . . .

Niemand kommt. Dafür höre ich Sekunden später die Luft aus den Tauchzellen entweichen und spüre, wie sich das Boot nach vorne neigt. Deubel nochmal, was ist denn los, wer taucht denn hier? Ich bekomme gerade noch den Verschluß des Turmluks zu fassen, wobei mir schon eimerweise Wasser auf den Kopf stürzt. Denn geht das Boot auf Tiefe. Wütend fahre ich den Rudergänger an: Seid Ihr denn alle verrückt geworden, wer gibt hier an Bord Alarm, wer hat das Sagen? Der Angebrüllte ist völlig verdutzt: Aber Herr Kaleu, Sie haben doch selber Alarm gerufen —, jawohl, Alarm . . .

Wer — wie — was soll ich gerufen haben? Ach du meine Güte, der arme Kerl konnte kaum etwas dafür; denn wenn ich die Brückenwache hinunterschicke, und das hatte ich wegen des Trümmerregens doch getan, kommt als nächstes immer Alarm. So hatte er meine im allgemeinen Trubel wohl unverständlichen Worte auch aufgefaßt. Mensch Meier, ich habe diesmal gar nicht Alarm gerufen, sondern P-K-Mann, wirklich P-K-, P-K-! Dieser blöde Mitfahrer von der Propaganda-Kompanie. Seinetwegen hätte es bald ein verhängnisvolles Mißverständnis gegeben.

Und ich lasse ihn mir kommen. Das eine will ich Ihnen sagen, sonst stehen Sie immer herum und treten einem auf die Füße, aber wenn es was Ungewöhnliches zu filmen gibt, sind Sie nicht zu kriegen. Jetzt haben Sie durch eigene Schuld etwas Einmaliges versäumt, denn was ich gesehen habe, war einfach phantastisch und wäre die Bildreportage des U-Boot-Krieges gewesen, Sie Heini!

Der L.I. unterbricht den Anpfiff und meldet sachlich: Boot ist auf 100 Meter! Was wird nun geschehen, wie entwickeln sich die Dinge über unseren Köpfen? Haben sie eine Jagdgruppe dabei, und wie lange hält ihre Verwirrung an, nachdem sie uns bisher übersehen haben? Wann werden sie uns auf der Spur sein und uns hetzen wie die Hunde das Wild? Fragen über Fragen, die im Grunde auf das eine hinauslaufen: Kommen wir davon?

Ich sitze im Rahmen des Kugelschotts, zwischen Zentrale und Horchraum. Im Boot ist es so still, daß man eine Nadel hätte fallen hören. Horchraum, was hören Sie? Vom Horchraum: Schraubengeräusche von überall, lassen sich noch nicht klar anpeilen. Da geht es auch schon los: Binngja, binngja, binngja, binngja. Verfluchte Scheiße, die haben uns. L.I., auf 150 Meter runter!

Horchraum meldet: Schraubengeräusche an Backbord, Schraubengeräusche an Steuerbord, soundsoviel Grad! Pinngja, pinngja, pinngja, dazwischen schrabt es wie mit einem eisernen Besen brrrrt, brrrrrt. Jetzt sind die Schraubengeräusche der Verfolger schon mit bloßem Ohr zu hören. Sie kommen von achtern auf, ziehen über uns hinweg, entfernen sich. Begpinn, begpinn, begpinn, begpinn. Alles zusammen ist die reinste Klangmalerei. Ich habe den Eindruck, daß es sich um eine Gruppe von drei Korvetten handelt. Wie kommt es, daß sie noch nichts schmeißen?

Kaum gedacht, geht es auch schon los. Fünfmal knallt es, und gar nicht weit weg von uns. Diese verdammten Wasserbomben, sie werden immer gefährlicher. Im Boot ist noch alles klar, kein Wassereinbruch. Nichtsdestoweniger: Mir reicht es, mir reicht es, mir reicht es! Das sind zielbewußte Profis, die haben ihre eigene Taktik. Horchraum, in ein paar Minuten fahren die den zweiten Anlauf. Auf Schraubengeräusche achten, die von hinten kommen. Sowie dieser Bewacher sich nähert, sofort melden!

L.I., sowie der den meldet, drehen wir mit äußerster Kraft hart Backbord. Sie ziehen dann das Boot hoch, und sobald wir auf 60 Meter sind, lassen Sie anblasen.

Jawohl, sehen Sie mich nicht so fragend an, wir riskieren es. Wir gehen hoch und hauen ab. Ich lasse mich nicht hier unter zusammenschlagen. Wenn wir hoch sind, ab mit den Dieseln, lassen Sie alle Ihre Pferde laufen! Ehe die sich von ihrer Überraschung erholt haben, sind wir schon auf und davon.

Hinter uns wieder fünf Wasserbomben, weiter weg. Doch das Boot kommt hoch wie am Schnürchen. Ich stehe unterm Turmluk und lockere schon den Verschluß. Jetzt sind wir oben, Luk auf und raus. Die W.O.s hinter mir her. Am Himmel steht noch die Lohe. Im Kieker erkenne ich deutlich die Jagdgruppe. Noch bemerken die uns nicht.

Die Diesel springen polternd an. Der Abstand wächst: 800, 900, 1.000 Meter. Da —, jetzt dreht der Gegner auf uns zu. Wir laufen etwa 16 Knoten. L.I., schalten Sie die E-Motoren noch zu, jib ihm Saures. Unsere Geschwindigkeit erhöht sich auf 17 Knoten, da kommen die Korvetten nicht mit. Dafür blitzt es drüben orangenfarben auf, jaulend fegt es über uns hin. Der Zwo W.O. duckt sich unwillkürlich. Junge, Junge, das nützt herzlich wenig.

Vor uns durchbricht eine Leuchtgranate die niedrige Wolkendecke. Es wird hell wie unter einem Tiefenstrahler, verlöscht nach wenigen Sekunden, und die Nacht erscheint durch den Kontrast schwärzer als zuvor. Zur Abwechslung jetzt wieder eine Sprenggranate. Wir sind schneller, und mit unserer schmalen Silhouette treffen die uns doch nicht. Die Chancen stehen 1 : 1.000. Die nächste Leuchtgranate liegt dicht vor dem Boot, die übernächste direkt über uns. Wenn schon, das Spiel ist gewonnen. Aus dem Feuerschein der Schiffe sind wir heraus, und nach ein paar Augenblicken verschluckt uns wieder die Dunkelheit. Wir laufen ihnen davon.
Doch was ist das, warum stoppen die Diesel auf einmal? Ich denk, mich laust der Affe. Aus den Ansaugschächten quillt fetter schwarzer Qualm. Auch aus dem Turmluk steigt schwarzer Rauch. Eine ölige Dunstwolke verbreitet sich auf dem Wasser und verhüllt wie ein Schleier die Fernsicht.
Was, zum Teufel, geht hier vor? Boot ist tauchunklar, meldet der L.I. Und zu allem Überfluß kommt die Jagdgruppe dem stilliegenden *U 564* näher ... Was heißt hier »tauchunklar«? Alarm, wir müssen runter um jeden Preis. Runter mit dem Boot, verflucht noch mal! Das Boot taucht tatsächlich, und ich höre, wie die E-Motoren einsetzen. Aber sonst glaube ich meinen Augen nicht zu trauen. Ich stehe in der Zentrale und kann die Hand vor Augen nicht sehen. Alles ist voller Qualm, es hustet und keucht. Ist die Beleuchtung ausgefallen? Warum wird die Notbeleuchtung nicht eingeschaltet? Aber es bleibt zappenduster, und das Boot sinkt. Den Geräuschen nach müssen wir etwa auf 50 bis 60 Meter sein. L.I., versuchen Sie das Boot auf ebenen Kiel zu kriegen! Der L.I. fängt das Boot ab, *U 564* hebt sich vorne wieder. Jetzt dürfen wir nicht nach hinten sacken, sonst geraten wir am Ende ins Rutschen. Die Luft ist voller Qualm und zum Schneiden dick. Wir pressen Tücher vor Nase und Mund, einige greifen zum Tauchretter.
In all unserer Bedrängnis nähert sich die Jagdgruppe mit hoher Fahrt und mit Wut im Bauch. Ihre Schraubengeräusche flitschern lauter und lauter, gleich wird's losgehen. Du lieber Gott, das kann ja gut werden. Unwillkürlich zieht man den Kopf ein und blickt nach oben, jetzt —, jetzt! Aber nein, das ist doch wohl nicht möglich. Sie überlaufen uns, was mit bloßem Ohr zu hören ist, und entfernen sich wieder, ohne uns was zu tun. Ihr Begpinn, begpinn, begpinn ist schließlich nur noch im Horchgerät und verliert sich auch dort. Ich wische mir den Schweiß von der Stirne und atme auf. Sie sind von der Fährte abgekommen.
Die Vorsicht läßt uns noch eine Viertelstunde in der Tiefe verweilen, wenns auch schwerfällt.

Ganz langsam wird es im Boot wieder hell. Durch den nachlassenden Qualm glimmen die Fäden der Glühbirnen. Wir drehen auf Westkurs und steuern vorsichtig die Oberfläche an. Nichts tut sich dort. Wir tauchen auf und durchlüften das Boot. Die Diesel springen an. Der Qualm verzieht sich und hinterläßt überall einen schmierigen Rußfilm.
L.I. und Obermaschinist auf die Brücke! Nun sagt bloß mal, was war da eigentlich los. Die Motoren bleiben stehen, und auf einmal ist alles voller Qualm. Wie kanns angehn? — Ja, Herr Kaleu, berichtet der L.I., die Diesel blieben stehen, und im Nu war Ruß im Boot. Ich wollte in den Maschinenraum, da gaben Sie Alarm, und ich blieb in der Zentrale auf Tauchstation. Der Obermaschinist erklärt schließlich alles. Es war die typische Tücke des Objekts, eine Verkettung von Umständen. Soweit sich das rückverfolgen läßt, hat jemand 'ne Handvoll öliger Putzwolle auf einem Längsspant liegen lassen, und das genau über dem gekrümmten Auspuff. Die Putzwolle ist beim Schlingern des Bootes heruntergefallen. Der Auspuff selbst war durch die lange Höchstfahrt glühend rot geworden, und daran hat sich die Putzwolle entzündet und ist weiter runter in die Bilge gefallen. In der Bilge stand durch die lange AK-Fahrt 'ne Menge Öl. Dort hat sich ein Schwelbrand entwickelt und schließlich ein offenes Feuer. Ich habe sofort das Außenbordventil aufgedreht und die Bilge geflutet. Der Brand war schnell gelöscht, und dann tauchten wir auch schon.
Kleine Ursachen, große Wirkungen. Diesmal ist es noch gut gegangen, aber das Boot ist eine einzige Sauerei. Überall schwarz und verrußt, wohin man auch faßt. Ein U-Boot, das aussieht wie eine blakende Petroleumlampe. So gefährlich, wie es aussieht, ist das auch wieder nicht, meint der Leitende, der mich in der Offiziersmesse erwartet. Gut, pflichte ich ihm bei, geben Sie Putzzeug an alle aus, und lassen Sie jeden, wo er geht und steht, die Schmierage abwischen. Ist meine Ecke schon sauber, damit ich mich hinsetzen kann?

Und nachdem der Koch Befehl bekommt, ungeachtet der beschränkten Rationen für alle Mann einen besonders anständigen Kaffee zu kochen, lasse ich den Obermaschinisten Kräh bei mir Platz nehmen und eine richtige kleine Rede vom Stapel: Hört mal zu, Ihr zwei. Das ist doch wohl klar, hier hat der liebe Gott nicht nur den Daumen, sondern gleich die ganze Hand dazwischen gehalten. Hätte die Jagdgruppe mitbekommen, was uns passierte, Brand an Bord und Ausfall der Diesel, daß wir uns nicht mehr rühren konnten, wäre das unser letztes Stündlein gewesen. Wenn wir nicht so eine eingespielte Besatzung wären, die jeden Handgriff auch im Dustern richtig ausführen kann, ich weiß nicht, ich weiß nicht —. Kein Mensch ist durchgedreht oder außer Atem gekommen, und der Leitende hat mit sei-

nen Tiefenrudergängern das Boot tadellos gehandhabt. Das war eine hervorragende Leistung. Nein, ich kann mit meiner Besatzung vollauf zufrieden sein. Bis auf das Kamel, das die Putzwolle über dem Spant beim Auspuff hat liegen lassen. Ich will gar nicht wissen, wer das gewesen ist, er wird sich das zur Lehre dienen lassen. Reicht mir mal das Mikrofon her!
Kommandant an alle: Jeder einzelne von Euch hat sein Bestes getan und mitgeholfen, das Boot zu retten. Wahrscheinlich auch der, der es angesteckt hat. Es mag zwar etwas hochtrabend klingen, aber unter uns, ich bin wirklich stolz auf meine Besatzung. Und nun lege ich mich erstmal schlafen.
Die Diesel laufen. Die Brückenwache zieht auf. Wir fahren wieder normal mit drei Wachen Ablösung. Der Obersteuermann hat den Kurs ins Versorgungsquadrat abgesetzt. *U 564* wird sich dort mit der »Milchkuh« treffen.

Durch das tagelange Stehen sind meine Bandscheiben strapaziert, und Rückenschmerzen halten mich noch lange wach. Auch die Nerven sind durch den starken Kaffe wieder aufgeputscht. So döse ich vor mich hin und lasse die Vorgänge der letzten Stunden noch einmal ablaufen. Mein Entschluß, aufzutauchen und mich unter allen Umständen davonzumachen, war richtig. Es hätte natürlich auch schief gehen können. Aber so oder so kaputt, dann schon lieber unter freiem Himmel als in der Tiefe.
Die Brücke meldet: der Morgen dämmert. Während ich mich anzuziehen versuche und alle Knochen fühle, kommt eine neue Nachricht: Mastspitzen an Backbord! Noch in der Pyjamahose, nur das Jackett überwerfend, steige ich hoch. Tatsächlich, zwei Masten. Wohin zieht der Dampfer? Der W.O. ist im Zweifel, er antwortet nicht. Ich lasse den Masten nachgehen, wir drehen. Die Masten rühren sich nicht von der Stelle. Außerdem müßte das ein Riesenschiff sein, ist es aber auch nicht. Der Spuk in der Dämmerung entpuppt sich als zwei Azorenfischer. Ihre Segel schälen sich aus dem Grau der Nacht und gewinnen Gestalt. Was nun, auf alten Kurs gehen? Ein unbestimmtes Gefühl hält mich zurück. Zentrale, reichen Sie mir mal das 8 x 60-Glas auf die Brücke.
Ich drehe und drehe, und was ich schließlich ins Okular fasse, läßt mich den Atem anhalten und »Alarm« auslösen. Hinter den Azorenfischern erkenne ich deutlich den stufenförmigen Aufbau von zwei Kriegsschiffen. Im Keller habe ich sie nach einer Weile im Sehrrohr. Abstand etwa 10 bis 12 Seemeilen. Es sind sehr große Einheiten, im Tageslicht werden sie immer größer, sozusagen supergroß. Es sind Schlachtschiffe. Wenn die weiterhin in meine Richtung laufen, komme ich gut zum Schuß. Den Gefallen tun sie mir nicht, sie machen einen gewaltigen Zack und drehen nach Westen ab.

Beide Maschinen große Fahrt voraus, vielleicht kommen wir ihnen näher. Nach zehn Minuten: auf langsame Fahrt gehen und Sehrohr raus. Die Schlachtschiffe laufen immer noch nach Westen, und vier Zerstörer geben ihnen das Geleit. Zusammen bilden sie einen regelrechten Verband, eine Kampfgruppe. Ob die mich geortet haben? Schon möglich, der Verband zackt jetzt nach Norden und läuft mit 18 Knoten davon. Rund 2.000 Meter außerhalb der Torpedoreichweite passieren sie uns, ohne sich aufzuhalten. Meine beiden W.O.s werfen einen Blick durchs Sehrohr. Eine solche Doublette hätte uns noch gefehlt. Aber es ist völlig aussichtslos, unter Wasser sind wir nicht schnell genug. Als der Verband hinterm Horizont verschwindet, tauchen wir auf und geben Sichtmeldung des Gegners, seinen vermeintlichen Kurs und Geschwindigkeit. Über den Schiffstyp können wir uns nicht einigen. — Der B.d.U. fragt an, ob es sich etwa um die *Nelson* und die *Rodney* gehandelt haben könnte, zwei der stärksten britischen Kampfeinheiten. Wie sich später herausstellte, sind sie es wirklich gewesen...

Das war ein Anblick für die Götter. Ich sollte nie wieder dergleichen auf See zu sehen bekommen. Auch das Schauspiel des zerberstenden Munitionsdampfer wird sich nicht wiederholen. Die Bilder von heute Nacht haben sich mir unauslöslich eingeprägt. Die Schatten der Bewacher, die Leuchtgranaten über uns, mit allen diesen Dingen wird es bald vorbei sein. Die Sequenzen des Kriegsfilms rollen ab und nähern sich ihrem Ende. Diese Fahrt in die Karibik ist meine letzte Reise, und ich sollte eigentlich keinerlei Risiko mehr eingehen.

Denn bei unserer letzten Begegnung hatte der B.d.U zu mir gesagt: Suhren, sieh zu, daß Du Dein Boot heil nach Hause bringst und aussteigst; denn Du wirst als Ausbilder in der Heimat gebraucht. Prien, Kretschmer und Schepke wären an sich drangewesen, aber sie sind alle ausgefallen. Prien und Schepke sind tot, Kretschmer ist in Gefangenschaft. Topp ist bereits ausgestiegen — und jetzt bist Du dran.

Ich wagte noch einen Einwand: Herr Admiral, ein solches Kommando ist, so glaube ich, für mich doch wohl nicht das richtige. Er schnitt mir das Wort ab. Suhren, jeden Monat kommen jetzt neue Boote in Dienst. Da brauchen wir einen erfahrenen Mann, der den Leuten was erzählen kann. Und damit war ich quasi schon aus der kämpfenden Front entlassen. Nur noch diese eine Reise, es ist meine fünfzehnte Feindfahrt. Meine Besatzung ahnt noch nichts, und ich möchte es ihr so lange wie möglich verheimlichen, um ihr nicht vorzeitig das Herz schwer zu machen. Sie werden mich vermissen und mit Sorgen meinem Nachfolger entgegensehen. Von einem erfahrenen Kommandanten hängt häufig ihr Leben ab.

IX.

Stürkorl navigiert erstklassig. Ohne lange suchen zu müssen, treffen wir im vorgesehenen Planquadrat mit dem Versorgungs-U-Boot zusammen: ein Pünktchen im unendlichen Ozean. Die Milchkuh ist *U 459*. Sie wird von einem älteren Kommandanten geführt, der noch den Ersten Weltkrieg mitmachte: Korvettenkapitän Graf Georg von Wilamowitz-Moellendorf, von uns auch »der wilde Moritz« genannt. Wir begrüßen uns mit Winkflaggen. K(ommandant) an K(ommandant) und so weiter.
Es ist wie bei einer Tankstelle mit ihren Zapfsäulen. Jeder möchte der erste sein. Zwar befindet sich unser Treffpunkt fernab von allen Geleitzügen mitten im ruhigen »Gap«, wo uns noch kein Flugzeug erreicht, und die noch wenigen Flugzeugträger des Gegners haben was anderes zu tun. Wenn nicht gerade ein Zerstörer aufkreuzt, bleiben wir hier unbehelligt. Nichtsdestoweniger haben es Fernfahrer immer eilig. Und ausgerechnet muß da vor uns noch ein anderes Boot liegen, das eigentlich zum Tanken an der Reihe ist, sich aber des Seegangs wegen nicht traut, die Verbindung aufzunehmen.
Na, mit sowas soll man uns ja nun nicht kommen. Wir paddelten noch bei Seegang 4 bis 5 im Schlauchboot von U-Boot zu U-Boot wie ein Korken auf den Wellen. Das Schlauchboot stammte von abgestürzten Fliegern, die wir in der Ostsee aus dem Bach gefischt hatten. Ein Souvenir sozusagen, es wurde die Gig für den Kommandanten. Und da sollten wir hier die schöne Zeit mit Warten vertrödeln. Mir riß der Geduldsfaden, und ich gab an Wilamowitzen: Fragen Sie den andern doch mal, ob ich vor ihm rangehen kann. Und Wilamowitz signalisierte: Leihen Sie mir mal Ihre Kanone, dann schieße ich den ab . . .
Schließlich gibt der andere auf und räumt das Feld. Vorsichtig mache ich *U 564* mit einer Trosse am Heck der Milchkuh fest. Im Nu haben wir die Schläuche drüben, die Stores holen wir mit dem Boot. Ab gehts mit 50 Tonnen nachgetanktem Treibstoff, mit genügend Frischwasser und Proviant in die Karibik. Im Kielwasser des Kolumbus.
So weit, so gut. Nur fehlen uns auf dieser meiner letzten Reise die vier Torpedos, die wir bei dem unvorhergesehenen Angriff auf den Geleitzug verbraucht haben. Woher nehmen und nicht stehlen? Auf Rückfrage erfahre ich vom B.d.U., daß sich ein Boot auf der Heimreise befindet und noch Torpedos abgeben könnte. Das Problem besteht aber darin, daß wir keinen Übernahmekran für Torpedos haben und uns was einfallen lassen müssen.

Daraus ergibt sich eine spannende Unterhaltung mit meinen Leuten. Und als Ergebnis dieses Meinungsaustausches haben wir dann das Kunststück fertigbekommen, ohne Übergabevorrichtung und sonstige Apparate auf hoher See Torpedos von einem Boot zum andern zu verlagern.
Später, als alles längst vorüber war, bin ich immer wieder gefragt worden: Wie hast Du das bloß gemacht, so ohne Hilfsmittel und so, und wie kommt es, daß der Torpedo nicht abgesoffen ist; denn ein Torpedo ist ja kein Schwimmkörper, vielmehr ein dynamisch angetriebenes Geschoß, und wenn es damit aufhört, sackt er ab. Er hat einen Untertrieb von 100 bis 120 Kilo. Das zu wissen ist sehr wichtig.
Diese und ähnliche Fragen stellte von vornherein der Kommandant des heimfahrenden Bootes, den wir wie vereinbart um Tag und Stunde trafen und der sich, wie das Schicksal doch manchmal mitspielt, als mein ehemaliger Gruppenoffizier von der Marineschule Mürwik entpuppte, wo man mich seinerzeit mit Müh und Not zur Offizers-Hauptprüfung zugelassen hatte. Das war der Herr, der mich, obwohl ich einer der besten war, so im Stich gelassen hatte. Heute sah er mich hochdekoriert bis unters Kinn und guckte dumm aus der Wäsche. Na, war das ein Wiedersehen. Und dann fragte ich ihn, warum er mit all den Torpedos denn schon nach Hause fahren wollte. Ja, meinte er, krankheitshalber, er habe es im Leib und müsse dringend zum Arzt. So, so, sagte ich, Bauchschmerzen, enthielt mich aber jeglichen Kommentars. Na, denn mal her mit den Dingern.
Dann bin ich mit einigen meiner Leute zu ihm rübergeschwommen und habe den Torpedos Schwimmwesten angelegt, jawohl, Schwimmwesten. Eine Weste hat einen Auftrieb von etwa 10 Kilo, und mit mehreren Westen haben wir den Untertrieb des Torpedos ausgeglichen, so daß er oben blieb und denen die Augen übergingen. Hierauf haben wir den Torpedo mit Seilen und Rollen bei *U 564* längsseits geholt, einen nach den anderen. Auf unserem Vordeck war die Mulde aufgebaut, über die wir im Hafen die Torpedos ins Boot rutschen lassen. Nun hieß es: L.I., Boot ganz sachte wegtauchen lassen, damit das Vordeck eben unter Wasser ist. Nachdem die Leinen den schwimmenden Torpedo über die Mulde bugsiert hatten, kam »Auftauchen«, so daß die Mulde den Torpedo auffing. Das Weitere mußte natürlich sehr schnell gehen. Torpedoluk auf, und der Aal rutschte von der schrägen Mulde von selbst ins Boot. Geschirr raus, Torpedoluk wieder geschlossen. Der Nächste, bitte.
Leinenzug und Rollen. Vorne getaucht, zur Mulde, wieder aufgetaucht, und holterdipolter hatten wir die Aale drin. Ich selbst stand mit einem Vorschlaghammer daneben, um nachzuhelfen, wenns hakte. Und alles verlief bestens, bis auf den letzten. Wir hatten eine Kleinigkeit vergessen.

Nämlich, daß Schwimmwesten immer etwas an Luft und damit an Auftrieb verlieren. Wir hätten nachblasen müssen. Plötzlich stellte sich der vierte Torpedo auf den Kopf, und wir mußten ihn buchstäblich fallen lassen. Weg war er, 5.000 Meter tief . . . Es gibt eben keinen perfekten Mord. Wie gesagt, es ist nachher viel drüber geredet worden. Aber eines haben wir nicht verraten. Wir hatten nämlich das Ganze bereits einen Tag vorher in allen Einzelheiten durchgespielt, indem wir unsern Hecktorpedo von achtern nach vorne und wieder zurück exerzierten. Es ging wie geschmiert.

Wir hatten die Insel Tobago passiert und schipperten mit Westkurs in die Karibik; Schauplatz vieler Seeräuberpistolen, von versunkenen Schatzschiffen und spanischer Kolonialherrschaft, von Tropenherrlichkeit und Inselromantik. Das meiste davon war vorbei, und es erscheint auch wohl nur im Lichte der Vergangenheit romantisch. Die kriegerische Gegenwart, wir lebten schließlich in einer solchen, ist immer nüchtern und blutig . . .
Eine fast unerträgliche Tageshitze war aus dem Boot entwichen, und durch die Lüfter brachte die achterliche Brise Kühlung. Ich saß mit dem L.I. in der Messe und klöhnte — und schnupperte. Sag mal, Gabler, riechst Du nichts, kann das Dampferrauch sein? Ich will mal sehen, was oben los ist. Über uns die blauschwarze Nacht, silberner Mondschein auf dem Meer, klare Sicht. Ich glaubte meinen Augen nicht zu trauen. Steuerbord achteraus, etwa 5.000 bis 6.000 Meter ab und ohne Glas deutlich erkennbar der Schatten eines großen Frachters. Für einen Überwasserangriff war die Nacht entschieden zu hell, man hätte uns beim Näherkommen gesehen. Auf Gefechtsstationen, beide Maschinen halbe Fahrt voraus! Aufmerksam verfolgten wir die Zick-Zack-Kurse des anderen Schiffes, die sich regelmäßig wiederholten und schließlich voraussehen ließen. Wir tauchten vorsichtig. Ich hing am Sehrohr und überließ dem Obersteuermann Kurs und Zeitpunkt des Andrehens zum Schuß. Groß und schwarz stand der Dampfer vor meinem Auge. Der Horchraum peilte mit. Na, Obersteuermann, wie ist das, sollten wir nicht aufdrehen? Nein, Herr Kaleu, noch nicht! Nach wenigen Minuten, jetzt —, schwenkten wir auf das Ziel ein. Torpedowaffe ist klar! Gegnerbug rechts Lage 60, läuft 12 Knoten. Frage: Vorhaltewinkel, geht in Ordnung. Rohr 3 — Achtung! Rohr 3 — los!
Stürkorl stierte auf die Stoppuhr und zählte. Wird's bald. Der Bug des Dampfers schob sich in mein Blickfeld und kreuzte die Torpedolaufbahn. Noch ein paar Herzschläge, dann machte es bumms — Detonation! Genau mittschiffs. Der Kasten brannte lichteroh. Wir tauchten auf und verpaßten ihm durch die Rauchschleier noch einige 8,8-Zentimeter-Granaten.
Hinterher mußten noch zwei weitere Schiffe dran glauben.

Das Boot *U 564* kreuzt in der Karibik, dort wo sie mit am schönsten ist. In jenem Winkel der Kleinen Antillen zwischen den Inseln über dem Winde und den Inseln unter dem Winde. Dem Nordost-Passatwind, der das ganze Jahr hindurch zuverlässig weht und abends am stärksten ist, wenn er die Hitze des Tages wegnimmt, und nachts abflaut.
Die Namen der Inseln könnten exotischen Romanen entnommen sein oder auch einem Touristenprospekt und beflügeln die Phantasie: Antigua, Guadaloupe, Dominica, Martinique, Santa Lucia. Wir kreuzen von Margarita, der Perleninsel, bis Kuba, dem Sammelpunkt der spanischen Silberflotten, wir machen Abstecher nach Curacao, wo das Öl aus Venezuela umgeschlagen wird und von wo die großen Tanker kommen, auf die wir es abgesehen haben. Wo viel Licht ist, da ist in dieser Zeit auch viel Schatten, und das heitere sommerliche Bild wird umweltverschmutzt von stählernen Schiffstrümmern, von Öl und Blut. Was soll's, ich habe den Krieg nicht angefangen. Nachdenken hat wenig Sinn. Wer nachdenkt, ist verloren und lebt nicht mehr lange, und mein Philosophieren in der Abendstunde wird durch den Warnruf »Flieger« jäh beendet.
Ich will aus meiner Ecke in die Zentrale und auf die Brücke, als zwei harte Detonationen das Boot schwer erschüttern. Durch das runde Turmlug sehe ich von unten wie durch ein großes Fernrohr den Flügel eines Flugzeuges über uns hinziehen. Es hat uns nicht getroffen. Alarm!
Ich selbst drehe die vordere Tauchzelle auf und komme damit dem, der sie bedienen soll, zuvor. Das Boot kippt an, und in der Rekordzeit von noch nicht einer halben Minute sind wir unter der Oberfläche. Runter, runter, runter. Mit großer Neigung und getrieben von den E-Maschinen, schießt *U 564* mit voller Fahrt kopfüber in die Tiefe. 30 Meter, 40 Meter, in 50 Meter reißt uns eine Detonation mit der Gewalt eines Dampfhammers schier von den Beinen. Frage: Wassereinbruch?
Bug- und Heckraum melden alles klar. L.I. teilt mit, Boot ist auf 60 Meter. Trimmzellen fluten und ausbalancieren. Doch was ist das, höre ich recht, oder täuschen mich meine Sinne? Neben allen Fahrtgeräuschen vernehme ich jenes typische Knistern, das eintritt, wenn das Boot die 120-Meter-Tiefengrenze überschritten hat und es unter dem enormen Wasserdruck im Gebälk zu knacken beginnt. Hier stimmt doch was nicht, das Tiefenmanometer zeigt falsch an. Das Boot fällt ins Bodenlose, in den nassen Abgrund . . .
Ich brülle: Beide Ruder hart nach oben, vorne anblasen! Wir müssen mit Preßluft versuchen, den Bug anzuheben. Der Mann dreht in seiner Aufregung das noch immer offene Entlüftungsventil in der falschen Richtung, bis ich ihn wegstoße. Das Knacken der Spanten wird noch stärker, obwohl der Zentralemaat Preßluft in die Leitung läßt. Uns sträuben sich die Haare.

Wir sind, so zeigt es das abseitige Trimmzellenmanometer, schon auf 160 Meter, und das Boot kippt noch immer nach vorne. Es ist nicht zu halten. Ich überlege fieberhaft, soll ich stoppen und mit äußerster Kraft rückwärts gehen? Wäre sinnlos, bringt nichts. Endlich —, endlich —, bei 180 Meter nimmt das Boot allmählich den Kopf hoch. Wir gelangen in die Wagerechte, sacken aber noch bis auf 200 Meter durch. Und immer das grausige Knistern und Knacken, als ob eine Riesenfaust das Boot zerquetschen will. Und das erst nach und nach abschwächt, als das Boot wieder steigt . . .
Die Tiefenruder liegen jetzt auf Mitte. Die Situation normalisiert sich. Der Leitende nimmt sich das Tiefenmanometer vor, und da stellt sich heraus, daß durch die harten Schläge der Zeiger von der Welle abgesprungen ist und nicht mehr mitdreht. Daher die völlige Verschätzung der Tiefe. Das Manometer war ausgefallen. Die Männer im Bugraum erzählen mir, daß sie vor dem Tauchen durch das Torpedoluk einen Feuerstrahl gesehen hätten, so habe das Luk geflattert. Ich bin zwar skeptisch, aber warum sollte es nicht. Hat uns doch der zweite schwere Wurf, als wir bereits auf 50 Meter waren, alles an der Bordwand Angeschweißte abgerissen. Die feinen Instrumente! Und darüber hinaus hat es auch noch die Torpedos beeinflußt, wie sich wieder zeigen wird. Die Brückenwache entschuldigt sich damit, daß ein Flugzeug direkt aus der Abendsonne gekommen sei und sie es daher zu spät gesehen haben. Man darf ihr kaum einen Vorwurf machen.

Ich entschließe mich, am Tage nur noch getaucht zu fahren. Die Beanspruchung der Brückenwache, die auf alles achten soll, ist zu groß. Die Leute sind überfordert. Die grelle Sonne, die gleißende See, die brütende Hitze, das alles lähmt die Aufmerksamkeit. Die Luft- und Sichtverhältnisse in der Karibik sind ganz anders als im Atlantik. Ich werde also die Konsequenzen ziehen und am Tage tauchen. In der sicheren Tiefe kann ich mich auf den Horchraum verlassen, der mir Schraubengeräusche meldet, und die Besatzung hat Ruhe. Auch wenn ihr der Schweiß aus allen Poren quillt, denn die Wassertemperatur ist nicht gerade niedrig.
Nachts tauchen wir auf, und ich werde auf der Brücke bleiben. Das tue ich dann auch, bis auf einmal, und schon ist es wieder passiert. Da übermittelt ein anderes Boot einen Fühlungshalter: Geleitzug im Quadrat soundso, zieht mit 10 Knoten nordöstlich. Nach der Rechnung des Obersteuermanns müßte das Geleit gegen 5.00 Uhr Ortszeit in Sicht sein. Ich gehe also runter und lege mich solange noch hin. Der Funker soll mich rechtzeitig wecken. So gegen 3.00 Uhr nachts werde ich wach, werfe mich auf die andere Seite und will weiterschlafen, komme aber ins Grübeln. Warum bin ich ausgerechnet jetzt schon wach geworden, es ist doch nichts los.

Auf der Brücke weht mir der kühle Fahrtwind ins Gesicht und macht mich frisch. Habt Ihr was gesehen, nee, nichts. Es ist ja auch noch Zeit. Gewohnheitsmäßig sehe ich durchs Glas, vorne tut sich nichts. Schaue nach hinten und bin wie vom Donner gerührt. Da soll doch —. Lawetz, Mann, Kerl, da hinten schwimmt doch der ganze Geleitzug, wir sind ja schon dran vorbei. Wo, zum Donnerwetter, habt Ihr denn Eure Augen?
W.O. und die Ausgucks blicken in meine Richtung, vermögen aber noch immer nichts zu unterscheiden. Ich lasse darauf zudrehen, und nach 'ner Weile bekommen sie die Silhouetten über dem Horizont mit, während ich bereits die Bewacher deutlich erkennen kann. Können meine Leute nicht mehr kieken, oder fehlt es ihnen an Erfahrung in den Tropen. Jetzt ist nicht der Zeitpunkt, darüber nachzudenken. Es graut schon schwach, und bei der kurzen Dämmerung in Äquatornähe wird es bald hell sein. Ein Nachtangriff über Wasser ist nicht mehr zu schaffen. So lasse ich tauchen und setze mich voraus.
Der Geleitzug kommt wie am Schnürchen. Es ist jetzt Tag. Die Torpedos sind klar, die vier Rohre sind auf die Dampfer gerichtet. Entfernung 1.200 Meter. Wir drücken auf die Tube —, ab geht die Post. Deutlich vernimmt das Ohr einen harten Schlag — aber keine Detonation. Auch die anderen Aale bewirken nichts. Einer von den Dampfern stoppt, und im Sehrohr mache ich mehrere Leute aus, die sich mittschiffs über die Reling beugen. Die haben anscheinend noch gar nicht mitbekommen, um was es sich handelt, sonst würde sich das Schiff nicht wie eine Zielscheibe still hinlegen. Dort, wo sie über Bord gucken, ist der Dampfer getroffen worden, doch wieder hat die Pistole versagt. Die vier Torpedos, die wir im Atlantik mit vieler Mühe übernommen haben, sind unnütz vertan. Gradlaufapparat, Tiefensteuer und Pistole, die komplizierten Mechanismen eines Torpedos, halten so harte Schläge wie die von den Fliegerbomben verursachten einfach nicht aus. Das ist meine persönliche Ansicht, die sich auch in der Florida-Straße bewahrheitet hat, wo mir die drei Victory-Schiffe durch die Lappen gingen. Die Flugzeuge verfügen zudem über speziell für Luftabwürfe konstruierte Wasserbomben, die ihre früheren übertreffen. Es gelingt uns noch, zwei Einzelfahrer zu versenken, dann treten wir die Heimfahrt an. Es ist meine letzte und längste Reise.

Wir waren bereits über zwei Monate in See, hatten unsere Aufgabe erfüllt und konnten nun ein wenig an uns denken. Im Luftloch, dem »Gap«, machte ich mit *U 564* eine Pause, um der Besatzung Gelegenheit zu geben, einmal ausgiebig im tiefblauen Atlantik zu baden. Wenn auch nicht, wie seinerzeit Mützelburg, sich durch Kopfsprünge zu gefährden. Im Gegenteil, einer der W.O.s und ein wachfreier Maat, mußten sich mit Maschinenpistolen bewaffnen und auf Haie achtgeben. Ich wollte nicht durch mangelnde Umsicht meine Leute den Raubfischen zum Fraße vorwerfen. Unser Dasein war schon gefährdet genug. Nach diesem erholsamen Intermezzo setzten wir die Heimreise fort.

Eines Tages, als ich gerade im Offiziersraum saß und alles überdachte, setzten plötzlich die Diesel aus. Im ganzen Boot war es merkwürdig ruhig. Wie ein Blitz schoß mir die Erinnerung an den Schwelbrand durch den Kopf, und obwohl wir uns momentan noch immer außerhalb der Reichweite britischer Flugzeuge befanden, war das Gefühl der Bewegungslosigkeit beklemmend genug. Doch schon beim hastigen Betreten der Zentrale verflogen meine Sorgen. Der L.I. meldete freudestrahlend, die wachfreie Besatzung sei an Deck angetreten, um mir zu gratulieren. Zu gratulieren —, warum das denn? Mit schnellen Sprüngen war ich im Freien.

Da standen die meisten meiner Leute, grienten von einem Ohr zum andern, und der L.I. hatte Funkformulare in der Hand und bemühte sich, beim Vorlesen Feierlichkeit in seine Stimme zu legen:

Im Ansehen Ihres immer bewährten Heldentums verleihe ich Ihnen als 18. Soldaten der deutschen Wehrmacht das Eichenlaub mit Schwertern zum Ritterkreuz des Eisernen Kreuzes! Adolf Hitler.

Und als nächstes: Ich freue mich, Ihnen Ihre Beförderung zum Korvettenkapitän wegen besonderer Auszeichnung vor dem Feinde mit meinem herzlichen Glückwunsch aussprechen zu können! Oberbefehlshaber der Kriegsmarine Raeder.

Glückwünsche vom B.d.U., von der Flottille und von Generaladmiral Saalwächter folgten. Man hatte sie alle zurückgehalten und gesammelt, um mich jetzt damit zu überraschen. Darüber hinaus hatte das Maschinenpersonal aus dünnem Messingblech drei neue Ärmelstreifen und das breite Eichenlaub für den Mützenschirm von Stabsoffizieren gebastelt. Vor allen Leuten legte mir der Leitende nun beides an, und damit war die kleine improvisierte Zeremonie beendet. Die Diesel tuckerten wieder.

Da saß ich nun, am 1. September 1942, als sechsundzwanzigjähriger Korvettenkapitän und mit einer der höchsten Tapferkeitsauszeichnungen bedacht. Unter anderen Umständen hätte ich einen ausgegeben. Wie die Dinge lagen, griff ich zum Bordlautsprecher: Ein Boot ist nur so gut wie seine Besatzung, und seine Besatzung ist so gut wie sein Kommandant. Ihr wißt, daß ich nie etwas irrsinnig Waghalsiges tat oder befahl, jedoch konnte ich mit Euch bis an die Grenze des Möglichen gehen. Dafür danke ich Euch allen . . . . . . In spätestens vierzehn Tagen wollen wir zurück sein und werden mit großer Aufmerksamkeit auch das schaffen!

Aus, fertig! Ich dachte an Dönitz' Worte: Suhren, sieh zu, daß Du Dein Boot heil nach Hause bringst. . .
Die Sicht war so gut, daß wir die jetzt wieder am Himmel kreisenden Flugzeuge rechtzeitig bemerkten und wegtauchen konnten. Die letzte uns erwartende Schwierigkeit war die Biskaya. Wenn wir sie früher mit hoher Fahrt nachts und über Wasser durchbrachen, so hatte ich für diese Taktik jetzt nichts mehr übrig. Die Zielsicherheit, mit der die Maschinen anflogen, ließ mich vermuten, daß der Gegner trotz aller gegenteiligen Ansichten über Radar in Flugzeugen verfügte und uns über Wasser ortete. Nicht in allen Maschinen, aber in jenen Gruppen, die den U-Booten nachstellten. Stieß ein solches Flugzeug überraschend aus einer Wolkendecke auf ein U-Boot herab, dann half nur noch Beten und Abdrehen. Die Bomben fielen schon.

Unter einer mittelhohen Alto-Stratus-Schicht gingen wir vorsichtshalber in den Keller und besetzten das Horchgerät. Wir waren jetzt schon dicht vor dem Festlandssockel, wo der abgrundtiefe Atlantik stufenweise auf 200 Meter heraufsteigt. In der Dunkelheit kamen wir zögernd hoch und riskierten ein Auge. Jetzt waren sieben Mann auf der Brücke. Außer mir die beiden W.O.s, Lawetz und Waldschmitt, die Bootsmänner Webendörfer, Bartels, Thiel und der Matrosengefreite Schmutzler. Alle hatten gute und geübte Augen. Wenn auch, ein schnelles Alarmtauchen war wegen des unvermeidlichen Gedränges der Sieben nun kaum möglich. Trotzdem ließ ich es drauf ankommen und blieb mit dem Boot oben. Hier pflügten wir mit 15 Knoten durch die Biskaya, gut doppelt so schnell wie unter Wasser.

Nach zwei Stunden entdeckte Schmutzler ein großes Flugboot, das rechterhand aufkam. Gar nicht weit ab und nur etwa 150 Meter hoch. Einsteigen, einsteigen! Es dauerte seine Zeit, aber nichts geschah. In 50 Meter Tiefe zogen wir durch die restliche Nacht, sicher ist sicher. Der letzte Seetag bescherte uns weiterhin gute Sichtverhältnisse. Die Flieger ließen uns weniger denn je in Ruhe, und bis zur Abenddämmerung drückten sie uns noch ein halbes dutzendmal hinunter. In friedlichen Augenblicken konnte Stürkorl noch eine Mittagsbreite nehmen und in der anbrechenden Dunkelheit nach zwei hellen Fixsternen einen Ort aus zwei Höhen und damit unsern Standort genau bestimmen. Bevor wir die letzte Nacht im Keller verbrachten, übermittelten wir noch Uhrzeit und Treffpunkt für das uns entgegenkommende Geleit.
Beim Auftauchen in der Morgendämmerung sahen wir vor uns den Sperrbrecher und zwei Minenräumboote, die uns schützten und dem Hafen entgegenbrachten. Wer von meinen Leuten nicht unbedingt im Innern des

Bootes zu tun hatte, wurde mit angelegtem Tauchretter an Deck befohlen, um zwanglos frische Luft zu schöpfen und gleich im Freien zu sein, falls in letzter Minute doch noch —.

Voraus erschien das hohe Land, die bretonische Küste. Aus dem Dunst der Ferne schälte sich die Stadt Brest, ihre weite Reede mit der engen Einfahrt. Die Einzelheiten traten hervor, die Hafenbecken, das Arsenal, linkerhand die Marineschule, die U-Boot-Bunker.

Eine Pinnas mit befreundeten Offizieren der 1.U-Flottille kam uns entgegen, unter ihnen der Flottillenarzt Dr. Richter. Er staunte nicht schlecht.

Trotz der langen Abwesenheit von drei Monaten sahen meine Männer gesund und munter aus. Haare geschnitten, Bärte gestutzt, die grünliche Bordkluft gründlich sauber. Ich selber fühlte mich irgendwie verändert. Die mir doch nahestehenden Offiziere erschienen mir distanzierter, ihr Lachen fremder, und es war doch wirklich nicht anders als sonst. Nach den kürzeren Fahrten hatte ich das nie so empfunden, dieses Gefühl des Abseitigen. Vielleicht war die Spannung der durchlebten Wochen der Verantwortung noch nicht abgeklungen, und das Gefühl der Einsamkeit hatte sich noch nicht gelöst. Da half auch der angebotene Schluck aus der reihum gereichten Cognakbuddel nicht viel. Die lange Enthaltsamkeit machte sich bemerkbar. Das Zeug schmeckte scheußlich und wirkte spontan. Der Adjutant hielt das Boot zurück. Wir müßten warten, der Empfangsakt sei noch nicht arrangiert. Schließlich rief uns ein Morsespruch: *U 564* einlaufen!

Kurz vor dem Molenkopf schalteten wir von den polternden Diesel auf die E-Motoren um und glitten leise ins Hafenbecken. Auf der Pier drängten sich die Musikkapelle des Heeres, eine Ehrenkompanie der Marine, der Platzmajor mit seinen Damen, viele Heeresoffiziere, Soldaten in Grau und Blau, Arbeiter, die alles stehen und liegen ließen. Winkende Arme, Blumen. Brest ist ein Tidehafen mit Ebbe und Flut. Vor der Pier war ein Leichter vertäut, ein Prahm, an dem wir festmachen sollten und wo der Flottillenchef auf uns wartete.

Neben ihm stand mein Freund Hein Uphoff, der vor mir eingelaufen war und in der Messe ziemlich freche, aber sehr witzige Reden führte, in denen immer wieder von den Nazis gesprochen wurde. Seine gekniffenen Sehschlitze deuteten auf eine vorangegangene harte Nacht hin. Mich veranlaßte das, mit der Flüstertüte in seine Richtung mit gedämpfter Stimme zu fragen: »Hein, Hein, sind die Nazis noch am Ruder?« Der Flottillenchef erschrak und winkte ab. Aber mehr als sollten hatten diesen Ausspruch mitbekommen. Schließlich wurde er in der ganzen Kriegsmarine kolportiert, ohne daß mir etwas geschah. Noch heute werde ich zuweilen daraufhin angesprochen.

Beide Maschinen halbe zurück! Die Fahrt verlor sich aus dem Boot, und *U 564* lag mit einem leichten Bums längsseits. Die Musik setzte ein, der Chef kam über den Landgang gemessenen Schrittes an Bord. Stillgestanden! Ehrenbezeigung. Melde *U 564* von Feindfahrt zurück! Händeschütteln, Gratulationen. Unter Anspielung auf meine neue Auszeichnung hatte die Flottille ein Schwert aus Edelhölzern gebastelt, das man mir mit passenden Worten übergab. Gereicht der ganzen Flottille zu Ehren, und so weiter!
Die Ladeluke des Leichters war mit Bretten abgedeckt und mit einer Persenning überzogen, um Regen abzuhalten. Die Menge an der Pier drängte näher, und auf dieses vermeintliche Dach eilten plötzlich in ihrer Begeisterung ganze Scharen von Heeresoffizieren, so daß es unter der Last krachend zusammenbrach und alles mit sich riß. Die Musik wurde von Schmerzensschreien übertönt und verstummte schlagartig. Kommandos erschollen, Rufe nach Sanitätswagen, alles ging durcheinander. Niemand hatte mit einem derartigen Zwischenfall gerechnet. Der Flottillenchef hatte noch in letzter Minute versucht, die Heeresangehörigen mit erhobenen Händen zurückzuhalten, weil er das Unglück kommen sah. Vergeblich! Meine Besatzung und die Angehörigen der Flottille halfen, die Trümmer wegzuräumen. Der Arzt und sein Personal versorgten, so gut es in der Eile ging, die am schwersten Verletzten, legten Verbände an, stillten das Blut. Sanitätswagen trafen hupend ein. Die Pier wurde abgesperrt. Das Infanterieregiment war eben aus Rußland hierher verlegt worden, um sich zu erholen. Ein schrecklicher Empfang. So sorgte *U 564* sogar noch im Hafen für Aufregung.

X.

Wie immer erstattete ich dem B.d.U. in Paris mündlich Bericht. Unter anderem kamen wir auch auf den Brand im Boot zu sprechen, und ich konnte es mir nicht verkneifen, den Kommentar meines Obersteuermannes anzubringen, der die mißliche Stimmung aufgelockert hatte. Die Korvetten hatten sich bereits verzogen, die Gefahr war im Abklingen, aber wir tappten noch im Dustern und waren spannungsgeladen. Da hatte der Obersteuermann seinem Herzen Luft gemacht und klar und deutlich gerufen, so daß man es in der Stille überall verstehen konnte: Es ist so dunkel hier wie in einem Bärenarsch . . .
Leider lösten diese drastischen Worte in Paris nicht jene befreiende Heiterkeit aus wie an Bord. Dönitz, der mich auch im Sitzen noch überragte, sah mich schräg von oben herunter eine Weile an und bemerkte nur: So, ist es da so dunkel?
Ich wußte, daß er derartige Reden nicht mochte, hatte ich doch schon bei unserer ersten Begegnung auf *U 48* als junger Leutnant durch meine schnodderige Ausdrucksweise während des Artillerieschießens sein Mißfallen erregt, forderte ihn aber spaßeshalber immer wieder heraus, wo es sich machen ließ.
Am Schluß der »Lage«, die sich in der Hauptsache um die Schwierigkeiten der Geleitzugbekämpfung drehte, resümierte Dönitz: Suhren, Du hast jetzt die größte Erfahrung von allen Kommandanten. Jetzt antworte mir auf meine Frage, glaubst Du, daß der Gegner in seinen Flugzeugen Funkmeß hat? Überlege Dir genau, was Du sagst.
Das war überhaupt die Frage, um die es sich in letzter Zeit drehte, nämlich um den von uns technisch für unmöglich gehaltenen Einbau von Radar in Flugzeugen. Nun, ich brauchte nicht lange zu überlegen, die Tatsachen sprachen für sich. Beispielsweise der Angriff jener viermotorigen Liberator, die eben, nachdem ich um 90 Grad abgedreht war, mit Scheinwerfer meinem alten Kurs folgte und mich prompt verfehlte. Die hatte mich ohne Frage gepeilt gehabt und nur den Augenblick der Kursänderung nicht mitbekommen. Später, in der nachtdunklen Biskaya, bin ich ja ebenfalls noch von einer Sunderland gezielt auf Gegenkurs angeflogen worden, der ich nur wegen meines guten Ausgucks rechtzeitig ausweichen konnte.
Also —.
Herr Admiral, für mich steht fest, daß sie in ihren Flugzeugen Funkmeß führen. Ich weiß nicht, wie sie es machen, aber sie haben es. Zwar noch

nicht in allen Maschinen, aber bald werden alle damit ausgerüstt sein, und dann wird es wegen der Luftüberlegenheit für unsere U-Boote sehr schwer werden.
Und so wurde es dann ja auch. Sie stöberten uns mit einem handlichen Zentimeterwellen-Peiler überall auf. Unsere späteren Radar-Warngeräte, ob sie nun Metox oder Naxos hießen, die anzeigten, wenn uns ein Peilstrahl traf, waren nach meinen Erfahrungen nur bedingt brauchbare Gegenmittel, die wenig einbrachten. Das galt noch mehr für das anfänglich behelfsmäßige Biskaya-Kreuz, ein primitiver, sperriger Holzrahmen, der dauernd piepte, der beim Alarmtauchen abgebaut und dessen Kabel obendrein noch durch das offene Turmluk geführt werden mußte. Und ein behindertes Turmluk kann tödlich sein.
Dönitz, sehr beeindruckt, hatte sich mit seinem Stabschef, Kapitän zur See Godt, und dem Funkreferenten, Korvettenkapitän Meckel, zurückgezogen. An meiner Abkommandierung hatte sich nichts geändert. Im Gegenteil —, Du mit Deiner bulligen Gesundheit konntest 15 Feindfahrten durchstehen. Wir werden in Zukunft erheblich mehr Boote bauen, und um die jungen Besatzungen einzuweisen, brauche ich Dich mit Deiner Erfahrung als Ausbilder. Erich Topp ist auch schon ausgestiegen und fährt nicht mehr.
Und noch eine Mahnung bekam ich mit auf den Weg: Suhren, Du bist mit Deinen Auszeichnungen jetzt eine herausragende Figur, auf die man hören wird. Überlege Dir gut, was Du sagst, lege Deine Worte besser auf die Waage . . .
Von Dönitz ging man, wie schon einmal erwähnt, schnurstracks in die »Sheherezade«. Dort wurde ich wie immer mit Freude und großem Hallo begrüßt. Die Kapelle unterbrach ihren Vortrag und stimmte mein Lieblingslied an: Je t'aime. Aber bei mir wollte keine richtige Stimmung aufkommen. Meine Freundin Monique war nicht da. Tamara und Pati, fröhlich wie immer, setzten aber klare Grenzen. Und so, angesichts der unausweichlichen Trennung, endete Paris für mich in Moll.

Der Abschied von meinem Boot, wohlgemerkt von meinem Boot, fiel mir nicht schwer. Es war mir nicht, wie es manche so von sich geben, ans Herz gewachsen. Mein Verhältnis zu ihm war durchaus sachlich. Die erste Stelle nahmen bei mir die Leute meiner Besatzung ein. Das Boot war nicht mehr als ein Instrument, das sich handhaben ließ, aber daß ich es handhaben konnte, verdankte ich diesen prächtigen Menschen. Die meisten der Jungens waren knapp über 20, ich selbst war ja auch nicht viel älter. Damals, nach dem Brand im Boot, hatte der Obermaschinist vorgeschlagen, den Übeltäter zum Rapport zu stellen und wegen Gefährdung aller disziplinarisch zu bestrafen. So, sagte ich, zum Rapport stellen soll ich ihn, und zitierte: Rapport, das war sein letztes Wort, dann trugen ihn die Englein fort. Ich werde Euch mal was sagen: Zum einen hat er's ja nicht alleine oder gar mit Absicht getan, und zum andern wäre er ja selbst mit draufgegangen. Also, lassen wir es dabei bewenden, und vergessen wir's. Es ist vorbei.

Aber der Abschied von den Menschen lag mir wie ein Stein auf der Brust. Als mir der Leitende Ing., Oberleutnant Gabler, die vor dem Stützpunkt (in der Ecole de la Marine) angetretene Besatzung meldete, saß mir ein Kloß im Hals, und ich bekam kein Wort heraus. Ich habe mich dann umgedreht und Gabler gebeten, sie mir einzeln aufs Zimmer zu schicken, damit ich ihnen nochmal die Hand drücken könne. So sah ich sie alle noch einmal. Das ging soweit ganz gut, bis auf den elternlosen Matrosengefreiten Schmutzler, dessen ich mich, so jung ich selber noch war, besonders angenommen hatte. Er fing an zu schluchzen und wiederholte unter Tränen: Ich habe doch nun niemand mehr, ich habe doch nun niemand mehr, bis er mich selbst zutiefst rührte. Hör zu, tröstete ich ihn, wenn Du mal irgendwie in der Tinte sitzt und Hilfe brauchst, kannst Du Dich jederzeit an mich wenden. Ich werde immer sehen, was ich für Dich tun kann. Nur mitnehmen, nee, das geht wirklich nicht. Ich atmete auf, als alles vorbei war.

Von dieser meiner alten Besatzung habe ich kaum einen wiedergesehen. Hin und wieder lief mir in langen Zeiträumen der eine oder andere über den Weg, so der Stürkorl Limburg, den ich in Hamburg traf, und der Gefechtsrudergänger Grünert. Die meisten blieben im Kriege, so auch der Gefreite Schmutzler.

Das Boot gehörte zur 1.U-Flottille. Ich hinterließ es ohne große Formalitäten in der Obhut des Eins W.O. Lawetz und des Zwo W.O. Waldschmidt. Neuer Kommandant von *U 564* wurde Oberleutnant zur See Fiedler. Er erzielte keine Erfolge mehr, wurde am 14. Juni 1943 von einer britischen Bomberstaffel schwer angeschlagen und sackte während der Rückfahrt der Besatzung unter den Füßen ab. Fiedler stieg auf *U 333* ein, dem früheren Boot von Ali Cremer, und ging drei Wochen später auf der ersten Reise verloren. Die alten Zeiten waren vorbei und die Chancen des Überlebens, wie ich es vorausgesagt hatte, sehr gering geworden.
Mit mir zugleich wurde auch mein Leitender Ing., Oberleutnant Gabler, abgelöst, nachdem er bereits eine Reise früher hatte aussteigen sollen. Da-

gegen hatte ich mich entschieden gewehrt und v. Friedeburg vorgehalten: Wenn Ihr mir Gabler wegnehmt, fahre auch ich schon jetzt nicht mehr. Wir sind aufeinander eingespielt, das Verhältnis zwischen Gabler und mir ist hundertprozentig. Er denkt mit und tut manches, ohne daß ich es ihm zu befehlen brauche. Mit einem jungen Leitenden ohne Erfahrung lasse ich mich nicht abfinden. Und da ich inzwischen »eine herausragende Figur geworden war, auf die man hörte«, hatte ich mich durchzusetzen vermocht.

Nun gingen wir beide. Als ehemaliger U-Boot-Konstrukteur kam Gabler zu einem technischen Kommando in den Harz, wo neue U-Boot-Typen entwickelt wurden. Dort im Harz ist den Russen später das hölzerne 1 : 1-Modell eines wasserstoffgetriebenen Walter-U-Bootes vom Typ XXVI (26), das Neueste vom Neuesten, in die Hände gefallen, das die Amerikaner hinterlassen hatten, weil sie damit nichts anzufangen wußten. Die Russen allerdings auch nicht.

Auch Gabler gehörte zu den wenigen, die ich lange nach dem Kriege wiedertraf. Da hatte dieser Könner, der schon zwischen den Weltkriegen im Ausland U-Boote entwickelt hatte, ein eigenes Ingenieurbüro aufgemacht, beschäftigte viele Mitarbeiter und war an der Konstruktion aller neuen westeuropäischen U-Boot-Typen beteiligt.

Als ich im Schlafwagen nach Berlin zurückfuhr, lag ein ereignisreicher Lebensabschnitt hinter mir, über den ich beim Rollen der Räder noch lange nachdachte. Frisch und ausgeruht kam ich in der Reichshauptstadt an, wo der Oberbefehlshaber der Kriegsmarine, Großadmiral Raeder, zu einem gemeinsamen Frühstück mit anderen um 14.00 Uhr in den »Kaiserhof« eingeladen hatte.

Den »Kaiserhof« mochte ich nicht, es hatte da mal wieder einen Krach in der Morgenstunde gegeben. Anläßlich der Verleihung des Eichenlaubes hatte ich mit Lehmann-Willenbrock dort gewohnt und die Nacht in der bekannten Jockey-Bar zugebracht. Die Jockey-Bar schloß um 4.00 Uhr und die dort angenehmen Gäste machten bis 8.00 Uhr weiter. Mittlerweile wieder im »Kaiserhof«, empfanden wir einen gehörigen Nachdurst und bestellten uns Selterwasser. Doch siehe da, man bediente uns nicht. Redete sich heraus, dies wäre keine Zeit für Selter und ähnlichen Unsinn mehr. Also, da war nichts zu wollen, man ignorierte uns einfach. Ein Wort gab das andere. Schön, sagte ich schließlich, der »Kaiserhof« ist für mich erledigt. Ich bin kein Parteimitglied, und so scheine ich als simpler Marineoffizier hier nur 'ne zweite Geige zu spielen. Wie Sie wünschen, meine Herren, ich ziehe aus und suche mir ein anderes Quartier. . .

Man muß nämlich wissen, der »Kaiserhof« war braun durch und durch. Die saßen da alle auf einem hohen Roß. Hier hatte Hitler mit seinem engsten Stab residiert, bevor er an die Macht kam, worüber Goebbels ein vielgelesenes Buch schrieb: »Vom Kaiserhof zur Reichskanzlei«. Wir dagegen waren von einer anderen Farbe, trugen blaues Tuch und waren als mehrfach Blaue suspekt.

Ich wechselte daraufhin vom »Kaiserhof« in das »Hotel Adlon«. Dort, Unter den Linden, war ich wohlgelitten. Als ich zum erstenmal im »Adlon« übernachtete, war ein Page erschienen: Herr Adlon empfehle sich und lasse fragen, wann er mir seinen Besuch machen dürfe. Nun, das war gewiß sehr schmeichelhaft, aber Verdienste hin, Verdienste her, der Mensch ist das Produkt seiner Erziehung, und für mich hatte noch immer zuerst der Jüngere dem Älteren seine Aufwartung zu machen. So bat ich denn, ihn besuchen zu dürfen. Daraus hat sich eine persönliche Freundschaft mit dem vornehmen, weißhaarigen Herrn Adlon ergeben, der mit Königen und Fürsten umzugehen verstand, die andauerte, bis alles in Scherben fiel. Das nebenbei.

Zurück zum »Kaiserhof«. Die Uhr war 13.50, als ich zu meinem Schrecken Raeder schon vorfand. Oh, Herr Großadmiral schon da?! In meiner Verwirrung fiel mir nichts besseres ein. — Ja, ja, wie Sie sehen, ich bin ja schließlich der Gastgeber. Aber Sie —, dabei sah er mich merkwürdig an und schnupperte —, heute so ganz ohne Fahne? — Als Stabsoffizier muß ich doch seriöser werden, Herr Großadmiral — Aber bitte nicht zu seriös, lachte Raeder und brachte eine heitere Note in die Unterhaltung, die sich auf das folgende Frühstück mit der Admiralität übertrug. Beim Aufbruch eröffnete mir der Ob.d.M. noch, daß er mir den Marine-Ehrendolch verliehen habe. Eine Sonderanfertigung, die noch in Arbeit sei.

Kapitän zur See v. Puttkamer, der Marineadjutant des Führers, ließ mich wissen, daß mir Adolf Hitler am nächsten Tag in der Reichskanzlei meinen Schwerter-Orden überreichen wolle. Mit der Jockey-Bar war es also diesmal nichts, dafür eine alkoholfreie Nacht im »Adlon«. Man soll nichts unnötig riskieren. Am Abend rief mich zu meiner Überraschung Erich Topp an. Nach seinem Ausscheiden aus der Fahrt war er Chef der Taktischen U-Flottille in Gotenhafen geworden, einer schulischen Einheit. Nun machte er Urlaub auf dem Obersalzberg bei Berchtesgaden, dem Erholungsgebiet Hitlers. Er selbst wohnte im Platterhof, einer exklusiven Herberge für geladene Gäste.

Na, sowas! Sag mal, Erich, rufst Du nur an, um mir zu gratulieren, was ich gleich voll zurückgeben kann. Ach, Du meinst, ich soll auch raufkommen? Aber wie denn? Du bist vom Reichsleiter Bormann eingeladen, ich aber

nicht. Und da meinst Du, ich soll trotzdem raufkommen? Wie stellst Du Dir das vor, das weißt Du auch nicht? Ist es Dir zu langweilig alleine da oben? Wie, man kann seine Freundin mitbringen? Na und —, Deine ist abgereist? Ja, auf die Weiber ist kein Verlaß. Also, ich will mal sehen, wie ich das mit dem Raufkommen hinkriege. Tschüs, denn!
Hinkriegen wollte ich das schon, aber eine Freundin mitbringen? Woher nehmen und nicht stehlen? Von den sporadischen Besuchen in der »Sheherezade« abgesehen, lief da nichts. Ich war nicht verlobt, wir fuhren zur See, und ich hatte in der Regel weder Zeit noch Gelegenheit gehabt, mir eine anzulachen. Doch keine Regel ohne Ausnahme. Es ist wahr, ich bin eine Zeitlang sehr befreundet gewesen mit der Tochter des Generals G., dessen Sohn ich mir als Zwo W.O. geholt hatte. Aber wie die Dinge bei uns U-Boot-Fahrern lagen, habe ich eine dauernde Bindung mit der jungen Dame nicht verantworten können und mit meinem Freund Hein ein langes Gespräch darüber geführt. Es gab schon Witwen genug. Wie gesagt, da lief nichts mehr.

Anderntags meldete ich mich bei dem sehr kameradschaftlichen v. Puttkamer in der Reichskanzlei. Hier wimmelte es von Parteileuten der oberen Preisklasse: Abschnittsleitern, Gauleitern, Reichsleitern und was weiß ich. Braun, braun, überall braun. Es war der Tag nach der großen Winterhilfsrede, dem karitativen Appell an die Nation. Da mußte man sich als Marine schon mächtig in die Brust werfen, um nicht erdrückt zu werden.

Das Protokoll lief ab. Vor mir war der Generalfeldmarschall Rommel, der Afrikakämpfer, an der Reihe. Noch stand es nicht an der Marmorwand geschrieben, daß er sich nur zwei Jahre danach selbst umzubringen hatte. Auf Befehl desselben Führers, der ihm nun statt des Giftes das Eichenlaub mit Brillianten überreichte. Während sie drinnen noch miteinander redeten, öffnete sich die Tür, und Marschallstab und Orden wurden herausgereicht, die v. Puttkamer abnahm. So hatte ich das Vergnügen, beides aus nächster Nähe betrachten zu können, erbat den Stab und begrüßte die Anwesenden aus Jux mit Rommels Statussymbol.
Das Eichenlaub beeindruckte mich sehr. Zwar besaß ich es ja selbst, aber dieses hier hatte seine eigene Güteklasse. Drei etwa einkarätige Brillianten in der Mitte wurden von jeweils zwei Dreiviertelkarätern flankiert. Das Ganze war mit einem Eichenblatt aus Weißgold oder Platin unterlegt. V. Puttkamer erklärte mir, daß es sich um eine besondere Ausführung und ein persönliches Geschenk Adolf Hitlers an Feldmarschall Rommel handele. Wohlgemerkt, desselben Führers, der Rommel nach dem 20. Juli 1944 vor die Wahl stellte,

sich selbst umzubringen und ein Staatsbegräbnis zu erhalten oder vom Volksgerichtshof wegen Hochverrats abgeurteilt zu werden nebst Sippenhaft.
Dann wurde ich hereingerufen und wie ein alter Bekannter begrüßt. Ein Mann von Hitlers Leibfotograf Prof. Hoffmann machte das übliche Händeschütteln-Foto, und der Führer setzte sich an seinen Schreibtisch. Ich ihm gegenüber. Hitler konnte sehr charmant sein, wenn er es für angebracht hielt. Er roch gewissermaßen, wen er vor sich hatte. Hätte er mir Schmonzes erzählt, wäre das wohl zum einen Ohr rein, zum anderen raus gegangen. Mir erschien er aufgeschlossen und ehrlich, brauchte er sich doch keinen Zwang anzutun, so daß ich mich unseres Gesprächs noch sehr wohl erinnere. Im Grunde genommen wollte er mir jungem Marschierer wohl nur auf den Zahn fühlen, welche Chance ich der U-Boot-Waffe noch gab. Derartige Auskünfte hätte er sich nun eher von höheren Dienstgraden holen können, aber vielleicht war ihm zugetragen worden, daß ich kein Blatt vor den Mund nahm.
Seine Kardinalfrage: Glauben Sie, daß die U-Boot-Waffe ihre Versenkungsziffer halten und noch erhöhen kann?
Nun standen die deutschen U-Boote im 2. Halbjahr 1942 auf dem Gipfel ihrer Erfolge und versenkten in diesem Zeitraum 3 Millionen Tonnen. Das konnte auf die Dauer nicht gutgehen, und ich ließ Vorbehalte anklingen. Mein Führer, wenn, wie geplant, in naher Zukunft 30 U-Boote monatlich gebaut werden, glaube ich annehmen zu dürfen, daß die U-Boot-Waffe die Versenkungen hält und möglicherweise erhöht. Dagegen wird das einzelne Boot nicht mehr an die Erfolge jener herankommen, die von Anfang an dabei waren.
Hitler überlegte kurz. Wieso meinen Sie das?
Der Gegner hat, und das steht für mich fest, in seinen Flugzeugen Funkmeß. Das bedeutet, daß er uns sehr früh entdeckt, daß das Vorsetzen vor einen Geleitzug bei Tage sehr erschwert wird und des Nachts den bisherigen Überwasserangriff fast ausschließt.
Hitler wieder: Können Sie sich nicht gegen Flugzeuge wehren?
Das ist ganz schlecht. Die 2-Zentimeter-Kanone rostet nach einer Seereise von nur wenigen Tagen, oder wir fetten sie derart ein, daß nach ein paar Schüssen schon eine Ladehemmung eintritt. Ich verlasse mich nicht auf das Ding.
Hitler reagierte blitzschnell und sprang auf: v. Puttkamer, holen Sie doch sofort Speer zurück. Dann müssen die U-Boote eben mit nichtrostenden Kanonen ausgerüstet werden.
Noch während der Admiral spurtete, äußerte ich weitere Bedenken.

Mein Führer, selbst wenn die 2-Zentimeter einwandfrei schießt, bin ich dem Flugzeug unterlegen, meine Plattform ist unruhiger. Außerdem, sobald der Gegner merkt, daß wir ganz allgemein ein Duell über Wasser annehmen, dann hat er bald ein größeres Kaliber als wir im Flugzeug und schießt aus sicherer Entfernung. Ich glaube auch, daß in Zukunft die Boote mehr unter als über Wasser sein werden.

So, das war's. Inzwischen kam auch Kapitän v. Puttkamer zurück und »hatte Speer nicht mehr erreicht«. Ich hatte jedoch das Gefühl, daß der Rüstungsminister diese spontanen Wünsche seines Meisters kannte und sich beizeiten aus dem Staube gemacht hatte, um sich nicht festlegen zu lassen. Hitler sprach dann mit einem gewissen rollenden Pathos: Herr Kapitän, wenn die U-Boot-Waffe die Versenkungsziffer nicht hält oderrr errhöht, dann wirrrd es den Alliierrrten gelingen, auf dem eurrropäischen Festland Fuß zu fassen, und dann wirrrd Deutschland durrrch dunkle Tage zu gehen haben!

Mit den besten Wünschen für die Zukunft wurde ich entlassen. Den Schwerterorden in der Hand, verließ ich den Saal. Statt der vorgesehenen zwei bis drei Minuten hatte das Ganze 22 gedauert, und das Protokoll war durcheinandergeraten. Ich selbst hatte an die einstige Begegnung auf dem Schlachtschiff *Tirpitz* gedacht, wo Hitler alleine das Sagen gehabt hatte, und war auf dieses längere Zwiegespräch mit dem mächtigsten Mann des Reiches überhaupt nicht vorbereitet gewesen.

Natürlich hatte er mich fasziniert, es war ihm schon gelungen, ganz andere Leute in seinen Bann zu ziehen. Eines aber glaubte ich instinktiv zu erfassen: Hitler war kein Mensch des Meeres. Die Marine war ihm trotz aller sachlichen Informationen wesensfremd geblieben, und das U-Boot erschien ihm unheimlich. Das hatte es in der Vergangenheit dem B.d.U erschwert, seine Forderungen durchzusetzen. Auf der anderen Seite ließen uns Partei und Staat in Ruhe und redeten nicht dazwischen. Und das war gut so.

Mir ging der Anruf von Topp im Kopf herum, und am Kalten Büffet in der Reichskanzlei bat ich v. Puttkamer, ob er mir nicht zu einer Einladung auf den Obersalzberg verhelfen könne. Seine skeptische Miene ließ nichts erhoffen, zumal derartige Einladungen vom Propagandaministerium arrangiert wurden. Herr Kapitän, sagte ich, Topp wurde von Bormann eingeladen. Sicher wird der Reichsleiter auch hier erscheinen, und dann stellen Sie mich ihm doch bitte vor.

Der kameradschaftliche »Puma«, wie v. Puttkamer unter uns genannt wurde, ging sofort darauf ein. Aber gerne, da kommt er gerade! Und zu

Bormann gewandt: Herr Reichsleiter, darf ich Ihnen den Korvettenkapitän Suhren vorstellen. Er hat soeben vom Führer die Schwerter zum Eichenlaub übergeben bekommen.
Der untersetzte Vierziger, Sekretär Hitlers, Leiter der Parteikanzlei und Minister war selbst unter seinesgleichen ein gefürchteter Mann. Jetzt gab er sich jovial. Herzlichen Glückwunsch, und so weiter und so weiter! Ich nahm einen innerlichen Anlauf, Frechheit siegt: Vielen Dank, Herr Reichsleiter, und ebenso auch für die Einladung auf den Obersalzberg!
Falls Bormann sich überrumpelt gefühlt haben sollte, so wußte er es zu überspielen. Wahrscheinlich hatte er ganz andere Dinge im Kopf. Aber bitte sehr, nichts zu danken, erklärte er verbindlich, herzlich gerne. Küche und Keller stehen Ihnen offen.
Dem erschrockenen Kapitän sträubten sich fast die Haare. Er erholte sich jedoch schnell und warnte nur halblaut: Mensch, Suhren, das hätte aber schiefgehen können. Ich blieb gelassen: Natürlich hätte es das, aber was meinen Sie wohl, was bei einem U-Boot-Angriff alles schiefgehen kann.
Doch wie Sie sehen —, ich machte eine entsprechende Handbewegung—, Küche und Keller stehen Ihnen offen.
V. Puttkamer schüttelte nachsichtig den Kopf, veranlaßte dann aber alles weitere. Er war an dieser Stelle andere Manieren gewohnt.

In München erwartete mich Erich Topp. Ein Wagen brachte uns zum Obersalzberg. Der bei Berchtesgaden gelegene Obersalzberg war das eigentliche Erholungsgebiet Adolf Hitlers, ringsum eingezäunt und bewacht. Im Gelände verstreut lagen die einzelnen Gebäude: der Berghof, das frühere Haus Wachenfels, Ausweichquartier Hitlers, die Wirtschaftsgebäude, das Wachhaus der SS, das Gästehaus Platterhof und andere. Alles umrahmt von der wunderschönen Kulisse der bayerischen Alpenlandschaft, die auch Bormanns landwirtschaftlichen Musterhof einschloß. Ein landschaftliches Juwel des deutschen Südens.
Im Platterhof, dem Hotel der obersten Parteiführung, stand vom Geschäftsführer bis zum jüngsten Pagen alles angetreten. Mit jener Grandezza, die nur geschulte Hoteliers beherrschen, wurde ich empfangen. Soviel Aufhebens um meine Person war mir eher peinlich. Küche und Keller stünden offen, wurde auch hier betont und gleichzeitig bedauert, daß ich ohne Begleitung gekommen war. Da Topp auch alleine reiste, waren unsere beiden Einzelzimmer mit dem dazwischenliegenden Bad verbunden. Sehr praktisch für schnarchende Eheleute und für Paare, die es nach außen hin nicht sein wollten. Man hatte hier an alles gedacht.

Und für uns war alles da. Deutschland litt zwar keinen Hunger, wenn auch die Lebensmittel rationiert waren. Hier aber aß man noch im dritten Kriegsjahr wie im tiefsten Frieden. Die anderen Hotelgäste, deren Herkunft uns unbekannt blieb, durften ebenfalls schwelgen, nur mit dem Unterschied, daß man sie gehörig zur Kasse bat. Eine unserer Stützen war Josepha, die Haushälterin des Gästehauses. Josepha war eine großartige Person, die sich mit gesundem Menschenverstand ihren eigenen Vers auf alles Geschehen hier machte.

Eines unsere Ausflugsziele war Salzburg. Bei dieser Gelegenheit steuerte ich zum erstenmal einen Volkswagen, der uns zur Verfügung stand, und war begeistert von der Leistung, die in dem kleinen Gefährt steckte. Bei einem Besuch beim Gauleiter Scheel trafen wir dort zwei fröhliche Schwestern aus dem Skiort Lech am Arlberg.

Kameraden von uns, so auch der unvergessene Mützelburg, hatten dort einen Skiurlaub verbracht, und so war über gemeinsame Bekannte hinweg bald eine vertrauliche Querverbindung hergestellt. Scheel wiederum erinnerte sich gut an meine Schwester, die seinerzeit in Dresden Architektur studiert hatte. Sie war einmal seine Tischdame gewesen und hatte in ihrer liebenswürdigen Art versucht, ihn auf den Arm zu nehmen. Das hatte dem Scheel, der als damaliger Studentenführer nur gläubige Ergebenheit und blinde Gefolgschaftstreue gewohnt war, sehr imponiert. So wurden wir alle schnell eine fröhliche Runde und blieben auch über Nacht in der schönen Stadt der Erzbischöfe, die vor gut zweihundert Jahren die Protestanten von Haus und Hof verjagt hatten.

Anderntags wurden wir durch eine aufgeregte SS-Ordonnanz im Auftrage Bormanns schleunigst zurückgerufen. Bormann war der eigentliche Herr und Organisator des Obersalzberges, und wenn man der Fama trauen durfte, so war der ganze Besitz pro forma auf seinen Namen eingetragen.

Der Reichsleiter erwartete uns bereits vor dem Platterhof in einem dreiachsigen Mercedes. Es ging hinauf zum 1.800 Meter hohen Kehlsteinhaus. Das später als Alpenfestung bezeichnete, wie ein Adlerhorst über dem Abgrund auf einer Felsnase klebende Bauwerk entsprach nicht einmal einem Alpenfort. Es war gänzlich Bormanns eigene Idee gewesen, und als Hitler das Ganze zum erstenmal in schwindelnder Höhe erblickte, soll er einem on dit zufolge ausgerufen haben: Was soll der Quatsch?!

Er mochte keine Kraxeleien.

Unser Wagen wand sich die Serpentinen einer in den Fels gehauenen Autostraße hinauf. Erich Topp, groß, schlank, blond und blauäugig, ein Bild von einem Seeoffizier, saß wie selbstverständlich vorne neben dem chauffierenden Bormann. Ich, als der kleine Teddy, saß dahinter. Auf einem

Parkplatz hoch oben kam alles zum Stehen. Vor uns zwei doppelte Tore, dahinter ein Felsentunnel — die letzten hundert Meter zum Heiligtum. Ich konnte es nicht unterlassen, mit dem Feuer zu spielen, und bemerkte scheinbar beiläufig: Ach, Herr Reichsleiter, sagen Sie bitte, diese Torflügel da, sind die nicht aus Bronze? — Aber gewiß doch, warum fragen Sie? Ja, nun, wissen Sie, wenn es gar zu sehr kneift, könnte man daraus noch immer ein paar Torpedorohre gießen! Bormann lachte ein zweideutiges Lachen, und ich fühlte, daß er sich über meine Wenigkeit nicht im klaren war. Doch hatte dieser mächtige Mann, der im allgemeinen nicht mit sich spaßen ließ, wahrscheinlich andere Sorgen. Was machte es schon aus, wenn U-Boot-Leute ein bißchen die große Klappe riskierten. Geben wir ihnen Narrenfreiheit, sie sterben ohnehin . . .

Am Ende des schön verkleideten Felsentunnels fuhren wir die letzten zehn Meter im Inneren des Berges mit einem Fahrstuhl hoch und landeten in Hitlers berühmten »Teehaus« auf dem Kehlstein. Die Fenster des eigentlichen runden Teeraums boten einen grandiosen Ausblick auf Watzmann und Königsee. Wir erfuhren, daß die ungewöhnlich dicken Mauern Adolf Hitlers in dieser Höhe das Gefühl der Sicherheit vermitteln sollten. Das Bergsteigen war nicht gerade seine Stärke. Es lag mir auf der Zunge, einen Vergleich mit den Masten der *Gorch Fock* heranzuziehen, ich hielt aber den Mund.

Erlesene Schnäpse auf silbernem Tablett luden zum Bedienen ein, was ich mir nicht zweimal sagen ließ. Selbst Erich Topp, der sich weniger aus Erfrischungen hochprozentiger Natur machte, hielt kräftig mit. Das Erscheinen von Prominenz beendete die schöne Idylle. Herein traten Frau Bormann, Professor Scholten und Frau. Scholten war der Gynäkologe, der Frau Bormann bei der Geburt ihrer Kinder beigestanden hatte. Mit von der Partie waren ferner die Schwestern Braun, Eva und Gretl, und eine Frau Schneider. An der Kaffeetafel entspann sich eine etwas förmliche Unterhaltung, bis es meinem Freunde Erich einfiel, seine Nachbarin zur Rechten, Eva Braun, zu fragen, welche Funktion sie eigentlich auf dem Obersalzberg beim Führer ausübe. Die blonde Eva kam aus dem Atelier Hoffmann, mimte mal die Empfangschefin, figurierte als Hausfrau, die unter anderem die Menüs bestimmte, wobei sie auf den Vegetarier Adolf Rücksicht nehmen mußte, hatte aber offenbar keine feste Aufgabe außer der, so daß man besser nicht viel fragte.
Ich gab mir Mühe, Erich abzulenken, stieß gegen sein Schienbein, und als auch das nichts half, versuchte ich es mit »Erich, reich mir bitte mal die Plätzchen rüber« und ähnlichen Manövern. Topp indessen, in seiner

gründlichen Art, ließ nicht locker und erweckte bei der ganzen Gesellschaft jene stille Heiterkeit, die sich hinter auffällig belanglosem Geplauder verbirgt. Sogar Bormann schien amüsiert. Ich war jedenfalls erleichtert, als das Gespräch schließlich eine andere Wendung nahm, obwohl ich sicher war, daß alle anderen es noch gerne ein Weilchen gesehen hätten, wie sich Eva Braun drehte und wendete. Immerhin hatte sie Charme, war sympathisch und dem jungen Mariner nicht böse.

Zum Abendessen lud uns Frau Bormann in ihr Haus ein. Wir erbaten uns Zeit, um uns vorher noch umzuziehen, was Bormann mit dem Ultimatum quittierte: Aber nur zehn Minuten, meine Herren!

Wieder alleine, fragte ich Erich, ob er noch niemals den Namen Eva Braun gehört habe. Hatte er nicht, woher sollte er auch. Mir war er allerdings schon zu Ohren gekommen. Weißt Du denn gar nicht, daß Eva Braun die Freundin von Adolf ist? — Hab ich mir doch schon gedacht, meinte Topp treuherzig und zu meiner Verwunderung. — Na, in dem Fall hättest Du Dir ja Deine vielen Fragen sparen können.

Die Einladung zum Abendbrot kam uns spanisch vor. Irgend etwas wollte der Reichsleiter sicher von uns hören. Er, der Stabschef, die »graue Eminenz« Hitlers, über den alles lief und der alles tat, um Unangenehmes von seinem Meister fernzuhalten.

Bei Bormanns traf sich die ganze Kaffeegesellschaft wieder, außer der blonden Eva. Die vielen Bormannkinder hatten schon vorher gegessen. Das Haus war gut bürgerlich, aber durchaus nicht protzig eingerichtet. Gediegene Möbel, echte Teppiche, Bilder des Hausherrn, nichts Übertriebenes. Ich hatte brennenden Durst und bekam ein Bier serviert. Und im übrigen ließ uns der Hausherr nicht lange über sein Anliegen im unklaren. Zwischen kühlen Schlucken eröffnete er uns wie in einer leichten Konversation, daß Großadmiral Raeder den Wunsch geäußert habe, von seinem Posten entbunden zu werden, und wen wir uns wohl als seinen Nachfolger vorstellen könnten. Nun, wir ahnten schon längst, daß die Dinge auf höchster Ebene wegen Differenzen in der Seestrategie nicht mehr so liefen, wie sie sollten. Es war zuviel schief gegangen. Was nun die Nachfolge betraf, so brauchten wir nicht lange zu überlegen. Topp faßte unsere Meinung zusammen, und ich gab ihm recht: Der Krieg im Atlantik kann nur durch die U-Boot-Waffe gewonnen werden. Daher sei es logisch, daß der Mann, der sie aufgebaut hat, auch das Sagen über die gesamte Marine haben sollte, und das sei nun mal Admiral Karl Dönitz. Für uns komme kein anderer in Frage. Damit war das Thema erledigt. Hinterher hatten wir den Eindruck, daß alles längst entschieden war und daß Bormann nur seine eigene, vorgefaßte Meinung durch uns bestätigt haben wollte. Und wie jedermann weiß, ent-

wickelten sich die Dinge entsprechend. Nachdem es zwischen Hitler und Raeder über die mehr und mehr blockierten Großkampfschiffe zu Zusammenstößen gekommen war, wurde im Januar 1943 Raeder durch Dönitz ersetzt. Dönitz wurde Großadmiral.
Mittlerweile hatten sich auch die Schwestern Braun eingefunden. Bei guten Weinen gewann die Atmosphäre an Wärme. Schallplatten wurden aufgelegt, und man tanzte. Feuchtfröhlich beschwingt forderte ich Eva mit den Worten auf: Gnädiges Fräulein, jetzt möchte ich mit Ihnen gerne einen Submarine Swing tanzen! Gretl Braun fand eine passende Platte in der vielfältigen Kollektion, und Eva und ich legten einen tollen Swing auf den Teppich. Sowohl Platte als auch Tanz widersprachen allen Regeln des Dritten Reiches, da der Reichsminister für Volksaufklärung und Propaganda, Dr. Goebbels, diese »undeutschen« Tänze verboten hatte. Das galt natürlich nur für das Volk, nicht aber für die oberen Zehntausend. So stieß auch Bormann vertraulich mit mir an: Suhren, Sie werden mir von Stunde zu Stunde sympathischer!
Ohne Frage war Bormann nicht einer, mit dem man, sagen wir mal gut Freund sein konnte. Viele seiner eigenen Genossen blieben ihm gegenüber reserviert, es hieß, daß auch Eva Braun ihn nicht sonderlich mochte. Eine sprunghafte, wache Unruhe ging von ihm aus. Ich fühlte mich ihm gegenüber verunsichert und habe das durch besondere Forsche überspielt. Aber ich fühlte, daß er mit alkoholgelöster Zunge sein zur zweiten Natur gewordenes Mißtrauen mir gegenüber ablegte. Im Gegensatz zur Masse der Bittsteller und Opportunisten, gegen die er sich ständig zu wehren hatte, wollten wir Mariner nichts von ihm.

Um Mitternacht hatte sich der Reichsleiter auf Französisch verabschiedet, und wir wollten ebenfalls aufbrechen. Frau Bormann, sehr ruhig und damenhaft, widersprach und drängte zum Bleiben: Ich wäre eine schlechte Hausfrau, wenn ich meinen Mann nicht vertreten würde! Sie schien vorauszusetzen, daß Mariner einen guten Stiefel vertragen konnten. So wurde es schließlich 2.00 Uhr früh, ehe wir uns alle miteinander in Marsch setzten. Draußen kommandierte jemand: Ein Lied! Unter Absingen der »Blauen Dragoner, sie reiten« steuerten wir alle, das Ehepaar Scholten, Frau Schneider, die Geschwister Braun, Topp und ich durch die sternenklare Nacht zum Gästehaus, wo man uns bereitwillig einließ und wir weiterfeiern konnten. Gewiß doch, Küche und Keller stehen Ihnen offen.

Eva Braun wirkte offen und ungehemmt. Sie genoß es sichtlich, einmal ganz sie selbst sein zu dürfen: eine fröhliche junge Frau, die von uns als solche behandelt wurde. Das konnten wir U-Boot-Leute ganz gut. Sicher hat-

te sie nicht oft eine derart unbefangene Gesellschaft um sich herum. Wir hauten auf die Pauke und fühlten uns wie die Könige auf dem Meer. Um 4.00 Uhr gingen wir endlich »auf Tauchstation«.
Später erfuhren wir vom Wachleiter auf dem Obersalzberg, daß er wegen des nächtlichen Gesanges die Posten angerufen, aber nur die lakonische Antwort erhalten habe: Die Kapitäne sind im Gelände!
Ein Wort noch zu Josepha. Frau Josepha hatte sich zur Haushälterin der Gästehäuser hinaufgedient. Wie schon gesagt, war sie eine prächtige Person, die viele Dinge hinter den Kulissen erlebte und humorvoll davon zu erzählen wußte. Mit großem Einfühlungsvermögen sprach sie über Eva Braun. Was nützte es ihr, die schönste Garderobe im Schrank zu haben und alles das, was eine Frau begehrt, und doch nicht die Angetraute des Mannes zu sein, den sie liebt. Bei offiziellen Anlässen auf dem Obersalzberg, der politisch keine geringe Rolle spielte, wurde sie auf Reisen geschickt. Ihre Schwester Gretl, die fast ständig um sie war, hatte es da besser. Die brauchte keine Rücksicht auf das Image eines Hitlers zu nehmen. Nicht lange danach heiratete Gretl dann auch den jungen General der Waffen-SS und Obergruppenführer Fegelein, Himmlers Verbindungsmann zum Führerhauptquartier. Beim guten bayerischen Bier im Platterhof redeten wir über Gott und die Welt, und doch mußte ich schließlich bekennen: Mir ist das alles zu hoch! Erich Topp ging es ebenso. Um auf andere Gedanken zu kommen, verbrachten wir einen feuchtfröhlichen Abend bei der Weiss-Wirtin am Hintersee.
Anderntags waren wir wieder zum Kaffee im Hause Bormann eingeladen. Neben der schon erwähnten Runde erschien auch Gauleiter Scheel mit den fröhlichen Skischwestern aus Lech. Darüber hinaus hatte er noch Herta Feiler und Willi Fritsch mitgebracht, die gerade in Salzburg den Film »Der kleine Grenzverkehr« drehten. Vielleicht war damit ein Propagandaeffekt verbunden. Willi Fritsch gab sich so unbeschwert wie in seinen Filmen, und ich kam mit ihm leicht ins Gespräch. Seinen Wunsch, ihm ein Telefongespräch mit seiner Frau Dina Grace zu vermitteln, vermochte ich mit einer Bitte an Bormann rasch zu erfüllen.
Zurückkehrend richtete er mir von seiner Frau Grüße aus, ich sei ja mal bei irgendeiner Gelegenheit ihr Tischherr gewesen. Die Grüße nahm ich zwar gerne entgegen, doch der Tischherr war nicht ich, sondern mein Bruder Gerd.
Herta Feiler, die mit Heinz Rühmann verheiratet war, machte dagegen einen sehr zurückhaltenden Eindruck. Ich unterhielt mich gerne mit schönen Frauen, aber bei Herta Feiler gelang mir das nicht. Ging sie von Natur schlecht aus sich heraus, oder sagte ihr die Atmosphäre nicht zu?

Der Reichsleiter, gelernter Landwirt, kam dann auf sein Hobby, seinen Bauernhof zurück. Ich verstand von Hause aus auch etwas von Ackerbau und Viehzucht, erwartete nichts Neues und hatte vorher eine Ausrede gebraucht, um ihn mir nicht ansehen zu müssen. Jetzt holte Bormann das Versäumte nach: Meine Damen und Herren, jetzt möchte ich Ihnen noch unseren Bauernhof zeigen, und Sie, Herr Kapitän Suhren, sind auch mit dabei, diesmal können Sie sich nicht wieder verdrücken!
Das Gezeigte entsprach allen Erwartungen, die man an einen Musterbetrieb stellen konnte. Ich drückte meine Bewunderung Willi Fritsch gegenüber etwas drastisch aus: Jetzt fehlt nur noch, daß die Kühe aufs Parkett scheißen! Dem erschrockenen Fritsch erschienen meine losen Reden wohl zu gefährlich, und er nahm fürderhin Abstand von mir.
Damit löste sich ohnehin alles in Wohlgefallen auf. Scheel fuhr mit seinem Anhang nach Salzburg zurück, während Topp und ich uns zu Frau Josepha begaben. Die bewirtete uns bestens mit Wein, Bier und Schnaps.

Zusammengenommen habe ich mich während dieser drei Tage mit allen, auch mit dem mißtrauischen Bormann, gut verstanden. Wir haben viel Spaß gehabt, aber bei aller Vertrautheit immer den gebotenen Abstand gewahrt. Wie auch immer, unter der Decke des scheinbaren »ein Herz und eine Seele« hatte es auch andere Töne gegeben. So wie im Großdeutschen Reich die so oft beschworene Eintracht zwischen Partei, Volk und Wehrmacht nicht immer vorhanden war und einer den anderen oft genug zu übertrumpfen versuchte, hatte es ähnliches hier im kleinsten Kreise gegeben. Es zeigte sich deutlich, daß Scheel mit den Filmleuten und den netten Mädels aus Lech Randfiguren blieben und von den anderen an die Wand gedrückt wurden. Ich habe mich bestens bemüht, zwischen beiden Gruppen auszugleichen. Umsonst —, sie fühlten sich hier doch nur — und das sagten sie mir — »wie die Bremer Stadtmusikanten«, die zusehen durften.

Urlaub auf dem Obersalzberg und in der Mozartstadt Salzburg. Noch hing der Himmel voller Geigen, aber der ausgelassene Submarine Swing ist schon ein Tanz auf dem Vulkan gewesen. 1943 brachte die Niederlage vor Stalingrad und den »schwarzen Mai« für die U-Boot-Waffe. Und nur zwei Jahre später endete das kurze Leben der Eva Braun, die noch in letzter Minute eine Frau Hitler geworden war, durch Gift von eigener Hand. Der Mann ihrer jungverheirateten Schwester Gretl, der SS-Obergruppenführer Fegelein, wurde auf Befehl Hitlers am Tage vor dem Zusammenbruch wegen Hochverrat erschossen. Bormann kam nach dem Tode seines Herrn und Meisters in den Wirren der letzten Stunden in Berlin vermutlich um.

Er hinterließ eine Witwe und zahlreiche Kinder und wurde vom Nürnberger Gericht in Abwesenheit zum Tode verurteilt. Der Obersalzberg geriet in die Hände der Amerikaner und der Andenkenjäger, und vom sogenannten Teehaus auf dem Gipfel des Kehlsteins blieb samt Tunnel und Fahrstuhl kein Stein auf dem anderen. Um mit Uhland zu sprechen: Die Gäste sind zerstoben all mit dem brechenden Glück von Edenhall. . .

XI.

Mein Urlaub ging zu Ende, und ich mußte mich in Gotenhafen bei der 2. U-Boot-Lehrdivision zum Dienstantritt melden. Vorher besuchte ich noch meine Eltern. In Dresden wurde mir nahegelegt, höflichkeitshalber auch beim Gauleiter von Sachsen, Martin Mutschmann vorzusprechen. Ich solle mich auf die Frage »Was halten Sie von der politischen Lage?« vorbereiten. Mutschmann begrüßte mich mit einem Sächsisch, das man gehört haben muß, um es für möglich zu halten. Eine seiner ersten Fragen war tatsächlich: Nu, mei Gud'sder, was haldense denn von dr bolidischen Lache? Aber Herr Gauleiter, erwiderte ich und hatte Mühe, ernst zu bleiben, ich bin reiner U-Bootfahrer und habe mich um die U-Boote zu kümmern und sonst nischt. — Na, was meenense denn, wieviel U-Boode mir ham? Das konnte ich ihm ungefähr beantworten, aber auch nur ungefähr. Am 1. Januar 1942 hatte die Kriegsmarine im ganzen 91 U-Boote besessen. Nach einem forcierten Bauprogramm befanden sich gegen Ende des Jahres, also momentan, etwa 130 U-Boote im Atlantik und weitere 48 in anderen Gebieten. Mutschmann sah mich mißtrauisch an. Ja, kloobense nich ooch, daß mir mehr U-Boode ham? Ich verneinte. Ich wollte, wir hätten mehr, Herr Gauleiter, aber es sind eher weniger, und dann kommt noch die Dreiteilung hinzu. Was'n das nu wieder, Treideilung? — Das ist so, ein Drittel repariert in der Werft, ein weiteres Drittel befindet sich im An- und Abmarsch, und nur ein Drittel steht unmittelbar am Feind.

Der Gauleiter schien irritiert. Meenense nich ooch, daß jeder Jachtfliejer weiß, wieviel Jächer mir noch ham? Wie gesagt, Herr Gauleiter, das kann ich nicht beurteilen, laut Führerbefehl, geht mich das auch nischt an.

Dann legte mir Mutschmann die Hand auf den Arm, beugte sich vor und flüsterte beschwörend, jedes Wort betonend: Sie, des eene will ich Ihnen mal sachen, Sie glooben ja jar nich, was — der — Führer — noch — alles — in — beddo — hat . . .

Hinter uns lagen drei Jahre Krieg. An der Front machte sich der Materialverschleiß bemerkbar, Rohstoffmangel trat ein, und ringsumher wurde alles knapp. Die Luftangriffe nahmen zu, und die Schwierigkeiten wuchsen, jene neuen U-Boote zu produzieren, die der Großadmiral zahlenmäßig erwartete. Und hier saß der höchste politische Repräsentant der schönen und fleißigen Provinz Sachsen und suchte seinem verblüfften Zuhörer einen Adolf Hitler zu suggerieren, der nur in seine NSDAP-Mütze zu greifen brauchte, um Kanonen, Panzer und U-Boote am laufenden Band herauszuzaubern, die er alle noch »in beddo« hatte. Hinterher konnte ich nur den Kopf schütteln und mich fragen, was ist hier eigentlich los. Sie denken alle, der Führer wirds schon richten, der hat noch alles »in petto«.

Kommandeur der 2. U-Boot-Lehrabteilung war Kapitän zur See Hashagen, ein bekannter U-Boot-Kommandant des Ersten Weltkrieges, der auch ein Buch geschrieben hatte: Feind im Fadenkreuz . . .
In Gotenhafen angekommen, traf ich als ersten meinen Freund Korvettenkapitän Bleichrodt, der mal mein Kommandant auf *U 48* gewesen war. Jetzt war der Eichenlaubträger Chef jener Schul-Flottille von kleinen U-Booten, Einbäume genannt, auf denen die zukünftigen U-Boot-Fahrer ihre ersten Schritte in die Unterwasserwelt taten. In unserer Wiedersehensfreude steuerten wir zielstrebig die Kantine an, und ich schlug vor, uns eine anständige Bowle zu machen, eine Obstbowle natürlich. So, so, wie machen wir die denn? Aber Ajax, meinte ich, das ist doch ganz einfach. 'Ne Flasche Weinbrand als Grundlage, und da es eine Obstbowle werden soll, kommt 'ne Flasche Kirsch-Likör rein und Obstwässerli obendrauf. Das Ganze wird mit zwei Flaschen Sekt aufgelockert.
Nach diesem Rezept verfuhren wir und fingen ganz ruhig an zu trinken. Am Anfang ging das auch noch gesittet und sachlich zu, aber mit der Zeit riß uns des öfteren der Faden. Im großen und ganzen aber wurde es ein fruchtbarer Gedankenaustausch, der darin gipfelte, daß wir unserer Bestimmung gemäß die jetzt mehr oder minder schon dritte Generation auszubilden hätten, die den Endsieg schon schaffen würde.
Nachdem die Bowle ungefähr zu zwei Dritteln lenz war, machten wir uns auf den Heimweg. Bleichrodt wohnte auf der *Wilhelm Gustloff*, und ich verfügte über ein Apartement auf der *Hansa*. Nach einigen Umwegen und buchstäblichen Reinfällen gelangten wir auch ans Ziel, wo uns der Bootsmaat der Wache und der Läufer an Deck wahrnahmen und an Bord der Wohnschiffe brachten.

Ich wurde Lehrer und Kompaniechef für die Wachoffiziersanwärter und gab Unterricht in Taktik und Kriegsgeschehen. Daß man mich zurückgezogen hatte, damit ich meine Erfahrungen den Neulingen vermittele, pfiffen die Spatzen von den Dächern, indessen hatte ich ein Bordkommando erwartet und nicht eine theoretische Lehrtätigkeit in einem Klassenzimmer. Das hatte mir wiederum der von mir so geschätzte Admiral v. Friedeburg eingebrockt und war typisch für unser Verhältnis. Der wußte genau, das ist doch nicht mein Genre, hielt es aber für angebracht, mich einstweilen an Land zu ziehen.

Im Unterrichtsraum standen grüne Pingpong-Tische mit aufgemalten Quadratnetzen, über die Modellschiffchen in der Art von Geleitzügen bewegt wurden, um die taktischen Manöver zu veranschaulichen. Also, da sah ich mich nun einer Klasse von 30 bis 40 jungen Oberfähnrichen und Leutnanten mit nur geringer, wenn überhaupt Fronterfahrung gegenüber — und das als hochdekorierter Stabsoffizier mit dem Marineehrendolch obendrein. Den hatte es zum Eichenlaub und Schwertern zugegeben. Erst später ist mir klar geworden, daß man sich von diesen Äußerlichkeiten einen gewissen Propagandaeffekt versprach. Schon unser bloßer Anblick sollte die jungen Menschen auf ihre Aufgabe stimulieren. Ich selber kam mir allerdings auch nur noch halb so wertvoll vor, obgleich man von mir doch wohl mitreißende Speeches erwartete. Nun sind große Worte noch nie mein Fall gewesen, wenn sichs mit kleinen machen ließ, und gußeisernes Pathos lag mir schon gar nicht. Ich hatte sie ja vorher gewarnt, ich sei nicht der Lehrer, für den sie mich hielten.

Im Endeffekt hörte sich das denn etwa so an: Also, meine Herren, Sie haben da alle so'n rotes Büchlein, das müssense mal durchlesen, dann wissense, wie's U-Bootfahren gemacht wird. Diese exzellente Marine-Dienstvorschrift ist ausgezeichnet gemacht, die ist für den Frieden in allen Lebenslagen erstklassig. Nur was ich jetzt im Kriege damit anfangen soll, das weiß ich nicht. Das klappense mal getrost zu und passen mal auf. Jetzt werde ich Ihnen erzählen, was U-Bootfahren im Kriege heißt — nämlich angreifen! Alles andere ist unwichtig, nur angreifen zählt, bedingungslos angreifen. Ohne Angriff keine Erfolge. Sie, da hinten, hamse das mitgekriegt?

Jawohl, Herr Kap'tän — angreifen!

Ich wiederhole: angreifen! Und Sie müssen dabei Ihre Angst jedesmal überwinden, ohne dieses Überwinden der Angst läuft überhaupt nichts. Ich betone das ausdrücklich, weil das für den alleinstehenden Kommandanten immer wieder das schwerste ist, er muß immer wieder aufs neue ran. Und das sage ich Ihnen, wenn Sie demnächst an die Front kommen, dann müssen Sie durch Tatendrang und Angriffsfreude Ihren Kommandanten unterstützen; denn der hat auch nicht immer seinen besten Tag. Ich gebe Ihnen ein Beispiel: Da kommt der Funker mit einer Nachricht, Geleitzug da und da. Und während der Kommandant noch überlegt und sich schwer tut, kommen Sie ihm schon zuvor und sagen jung und frisch, ich gehe mal eben an die Karte und setze gemeinsam mit dem Obersteuermann den Kurs auf den Geleitzug ab! Dann bekommt der Kommandant den Anstoß, sich zu überwinden — denn jetzt wird's ernst! Ob Sie es glauben oder nicht, ich selbst habe in solchen Augenblicken oft die Knie gegen das Brückenkleid

gepreßt, um den Kloß im Hals loszuwerden. Also nochmals, angreifen müssen Sie — ran an den Gegner, sonst können Sie nichts versenken. Sie da, links am Fenster —, was müssen Sie?
Angreifen, Herr Kap'tän, angreifen!
So ist's recht. Thema durch.

Es mag sein, daß meine Angriffs-Predigten psychologische Tiefenwirkung zeigten und sich auf die Freizeitgestaltung erstreckten. Wie schon erwähnt, waren wir bei der 2.U.L.D. außer in Stabsgebäuden und Baracken auf Wohnschiffen untergebracht, so auch auf dem 21.000 Tonnen großen Passagierdampfer *Hansa* der Hamburg-Amerika Linie. Diese Wohnschiffe hatten, gewissermaßen als militärischen Hausvater, einen aufsichtführenden Marineoffizier. Ältere Herren auf dem Abstellgleis. Und meine jungen angriffslustigen U-Boot-Offiziersanwärter erregten Ärgernis durch lautstarkes Feiern, so daß der Hausvater einschritt und versuchte, sie in die Koje zu jagen. Unbedachterweise war er dabei im Nachthemd, was die Komik der Situation unterstrich und ihm einen unerwarteten Lacherfolg verschaffte.
Als der Gruppenführer in meine Kabine kam und mir den Vorfall meldete, gab ich ihm einen Wink und sagte, mach mal die Tür auf. Ich wohnte mit dem Hausvater auf dem gleichen Deck. Dann habe ich den Gruppenoffizier mächtig angebrüllt, was die sich eigentlich dächten, wo sie wären, in Wallensteins Lager oder bei der Kriegsmarine. Und ich bäte mir korrektes Benehmen aus, und er als Gruppenführer hätte dafür zu sorgen und nächtliche Ruhestörungen zu unterbinden, und so weiter und so fort. Der ein paar Meter weiter wohnende Hausvater konnte jedes Wort verstehen. Dann habe ich dem pro forma Beschimpften einen Wink gegeben, mach die Tür wieder zu. So, jetzt ist der zufrieden. Aber das nützt alles nischt, ihr müßt Rücksicht nehmen, diese älteren Knaben erfüllen schließlich nur ihre Aufgabe. Und dann habe ich mich bei dem Gekränkten für das ungebührliche Betragen meiner Schüler entschuldigt, alle Vorwürfe ausgeräumt und den Burgfrieden wieder hergestellt.
Der Wehrbereichskommandant Danzig/Westpreußen hatte einen Tagesbefehl erlassen, wir sollten nur noch in Ausnahmefällen und mit einer Sondergenehmigung Danzig, Zoppot und die umliegenden Badeorte besuchen dürfen. Das empfand ich als ungerecht. Waren diese feinen Orte nur für die anderen Wehrmachtsteile oder für die Etappe reserviert? Sollte ich meinen Leuten den Spaß verderben? Nein, Adjutant, jetzt schreibst Du für jeden der Unsrigen eine Sondergenehmigung, wohlgemerkt durch die Bank für jeden. Alle kriegen sie von mir eine Sondergenehmigung für jene Stätten

der Lust. Ich erwarte aber von ihnen, daß sie sich anständig benehmen und nicht auffallen, sonst kommt die Geschichte raus und ich muß alle Sondergenehmigungen wieder einziehen.
Abgesehen vom disziplinarischen Ärger. Und im übrigen, das sagte ich ihnen allen bei der Musterung, sollten sie mir einen Gefallen tun. Ich möchte nicht, daß auf der Straße geraucht wird. 'Ne Zigarette in der Hand sieht bei einem Uniformträger nicht besonders gut aus. Mehr hatte ich nicht zu bemerken.
Warum sollte man diesen Jungen, die demnächst mit einem U-Boot hinausgingen und vielleicht nicht wiederkamen, die letzten friedlichen Wochen durch derartige Standort-Befehle vermiesen? Sie waren alle erst um die Zwanzig herum, warum wollte man sie hier in der Kaschubei bei Gotenhafen festhalten? Ich muß sagen, sie haben mich nicht enttäuscht, keiner fiel aus dem Rahmen. Ich habe mit diesen aufgeschlossenen jungen Leuten viel Spaß gehabt. Sie waren voll Angriffswillen und einer beispielhaften Einsatzbereitschaft. Überhaupt hatten wir bei der U-Boot-Waffe bis zum Schluß ein Menschenmaterial, das seinesgleichen suchte und den Gegner immer wieder erstaunen ließ ...

Die Politik berührte uns eher am Rande, und selbst der Wechsel im Oberkommando der Kriegsmarine, als Ende Januar Großadmiral Raeder durch Dönitz abgelöst wurde, ging geräuschlos über die Bühne. Topp und ich hatten das ja schon seit unserm Gespräch im Hause Bormann erwartet. Der neue Großadmiral, der Paris verließ und seinen Amtssitz in Berlin einnahm, hatte sich die operative Führung der U-Boot-Waffe ausdrücklich selbst vorbehalten. So lebten wir mehr oder weniger im eigenen Bereich. Daran änderte auch ein gelegentliches Zusammentreffen mit den regionalen Parteispitzen von Danzig/Westpreußen nichts. Wir sind weder bespitzelt noch provoziert worden, obwohl wir sehr offen mit den Herren Amtsträgern gesprochen haben. Vielleicht dachten diese umgekehrt auch: Laßt sie nur reden, das erledigt sich alles von selber, die gehen ja eines Tages doch unter. Aber wir hatten nicht den Eindruck.
Dafür passierte etwas anderes. Um mal wieder Landluft zu schnuppern und Pferde zu riechen, benutzte ich ein freies Wochenende und besuchte meinen alten Freund Hufnagel vom Staatlichen Remonteamt Ferdinandshof bei Stettin. Auch dort war vieles anders geworden. Die deutschen Hilfskräfte standen im Felde, und die Remonten wurden von polnischen Gefangenen und Arbeitern betreut. Aus diesen hatte man eine Musikkapelle gebildet, die bei ihrer natürlichen Begabung Beachtliches leistete. Und da meinte Hufnagel zu mir: Sprich doch mal mit ihnen, ob sie nicht die polni-

sche Nationalhymne spielen würden. Die Melodie ist hübsch, und die Polen freuen sich sicherlich. Aber die Polen freuten sich gar nicht. Unter den gegebenen Umständen ging es ihnen gefühlsmäßig wohl gegen den Strich, zum andern erschien es ihnen zu gefährlich.
Worauf ich ihnen entgegenhielt: Als Offizier übernehme ich die Verantwortung. Ihr braucht ja nicht so laut ins Horn zu stoßen, vielmehr schön dezent und sauber. Mir taten diese Menschen leid, die zwischen Deutschen und Russen ihre Heimat verloren hatten in einem Krieg, dessen Ende sich nicht absehen ließ. Sie waren sehr höflich und freundlich, wie es Menschen vom Lande sind, und gut zu leiden.
Die Melodie hatte eine ergreifende Wirkung: Noch ist Polen nicht verloren! Die Töne kamen leise und wie verträumt. Die Instrumente schienen zu schluchzen, und den Bläsern liefen die Tränen aus den Augen. Keiner sagte mehr ein Wort, ich auch nicht . . .
Aber wie es der Zufall will, irgendeiner hatte das spitz gekriegt, einer von den 150prozentigen Nationalsozialisten. Da war es plötzlich alles andere als eine kleine Freude, die man sich selbst und anderen hatte machen wollen. Man bedenke —, mitten im Kriege die verbotene polnische Nationalhymne! Es erfolgte eine lebhafte Schreiberei hin und her —, und alles drehte sich wieder mal um Teddy Suhren, der schließlich mit einem blauen Auge davonkam. Nur —, als längst Gras über die Geschichte gewachsen war, gab es ein überraschendes Nachspiel. Davon später . . .

Mein Freund Erich Topp, wie ich mit Eichenlaub und Schwertern hochdekoriert, war Chef der 27. U-Flottille. Dies war eine in Gotenhafen stationierte Ausbildungsflottille, in der man sich bemühte, die Besatzungen frontreif zu machen, und unter Verwendung von Begleit- und Zielschiffen Geleitzugbekämpfung übte. Sie war das letzte Glied in einer Kette, die mit den Modellen auf den Pingpong-Tischen begann und mit richtigen großen Schiffen in der Wirklichkeit der Ostseegewässer endete. Von hier ab gings direkt an die Front.
Alle zehn Tage wurden der Ausbildungsflottille neue Boote zugeteilt, so daß Topp von einer Gruppe zur anderen wanderte und kein Bein an Deck bekam. Ich hatte Erich gebeten, einmal bei v. Friedeburg vorstellig zu werden, damit ich als zweiter Mann zur 27. U-Flottille käme, weil er allein das nicht mehr bewältigen könne. Mit zwei Mann würden wir uns alle zehn Tage ablösen. So erhielt ich schließlich wieder ein Bordkommando und wurde, nachdem mein Lehrgang bei der 2.U.L.D. ausgelaufen war, Gruppenführer und Chef des Stabes bei der 27. U-Flottille in Gotenhafen. Man schrieb den 13. März 1943.

Topp saß auf dem U-Boot-Begleitschiff *Wilhelm Bauer*, und ich fuhr mit *Waldemar Kophamel*, hinter uns ein Troß von Überwasserschiffen, die von den U-Booten exerziermäßig angegriffen wurden. Wir taten unser möglichstes, den Besatzungen Frontverhalten und Praxis beizubringen, nur waren zehn Tage einfach zu kurz. Jeweils nach der halben Zeit liefen wir mit der Flottille eine kleine geschützte Buch auf der Ostseite von Bornholm an. Dort holten wir uns die Kommandanten auf unser Begleitschiff, um uns von den zwei »Einpeitschern« berichten zu lassen, ob jeder sein Boot beherrsche und taktisch schon imstande sei, einen Geleitzug anzugreifen. Das war die Stunde der Wahrheit, in der keine schönen Worte mehr fielen, sondern der Finger auf die Wunde gelegt und erklärt wurde, was sich hätte besser machen lassen. Und das war eine ganze Menge. Topp und ich erlebten geradezu erstaunliche Dinge an Nicht-Wissen und Nicht-Können junger Offiziere, die demnächst losgeschickt werden sollten. Mit den Mannschaften war es das gleiche.

Wir bekamen jetzt regelmäßig mehr Boote, und das Personal wurde knapp. V. Friedeburg, als der 2. Admiral der U-Boote, stellte die Besatzungen zusammen. Es mußte alles schnell gehen. Auf *U 564* hatte ich noch eine gemischte Besatzung gehabt, das heißt überwiegend Erfahrene und einige Neulinge. Jetzt waren es fast durchweg unerfahrene Leute oder, wenns hochkam, wenig erfahrene, und das bis hinauf zum Kommandanten. Topp und ich, die wir abwechselnd unsere Zehn-Tage-Übungen in der Ostsee fuhren, hegten gewisse Vorstellungen. Danach hätte die Ausbildung überhaupt ganze zwei Monate länger dauern sollen. Was bedeuten schon zehn Tage! Kommandanten und Besatzungen waren allesamt zu frisch, aber Dönitz brauchte die Boote. Das war die Diskrepanz: Wir rieten, besser ausbilden, besser ausbilden. Andererseits hieß es: Boote an die Front, Boote an die Front! Wie wenig sie darauf vorbereitet waren, hat sich gezeigt.

Obendrein wurden diese jungen Leute wegen ihrer Unerfahrenheit, für die sie nichts konnten, auch noch disziplinarisch bestraft, so merkwürdig es klingen mag. Bei meiner ersten Kommandantenbesprechung kam heraus, daß einige von ihnen noch Bordarreste, Ausgangsbeschränkungen und ähnliches abzubrummen hatten. Der eine hatte eine Pier gerammt, der andere eine Beule gefahren, dem dritten war die Festmacheleine gebrochen, wieder ein anderer hatte sich verschätzt. Nach meinem Dafürhalten waren diese Delikte zum Teil an den Haaren herbeigezogen. Angesichts des guten Willens fand ich diese Bestrafungen ungerechtfertigt und habe sie, soweit sie unter zehn Tagen lagen, alle gestrichen. Dazu war ich befugt. Ich sah nicht ein, daß man der Praxis eines Kieler Flottillenchefs folgen mußte, der einmal geäußert hatte, man müßte bei jedem kleinen Vergehen den Männern einen »überbraten«. Das sei das einfachste, ihnen das Handwerk beizubringen.

Das Wort »überbraten« hatte leider der von mir sonst hochgeschätzte Kapitän zur See Sch. übernommen, als er Führer der U-Boote (Ausbildung) wurde. Das führte dazu, daß ich bei einem Kaffee, den er im Anschluß an die Ausbildung immer gab, bevor die Boote an die Front gingen, ihn mehr oder minder kritisierte. Ich erklärte unmißverständlich, es sei nicht unsere Aufgabe, diese jungen und unerfahrenen Kommandanten für irgendwelche Bagatellen zu »verknacken«, die sie noch nicht im Griff hatten. Worauf der hohe Herr in unheilvolles Schweigen verfiel. Und richtig —, in den nächsten Tagen rief er mich an und erklärte kühl, er hätte eigentlich erwartet, daß ich mich bei ihm entschuldigen würde.
Ich konterte —, wenn er das Gefühl hätte, von mir unanständig — jawohl, unanständig — angegriffen worden zu sein, würde ich mich sofort in den Zug setzen und ihn in seiner Wohnung in Zoppot aufsuchen. Was ich dann ohne weitere Diskussion auch tat. Indes gelang es mir unter vier Augen, ihn davon zu überzeugen, daß wir diese jungen Kommandanten nicht bestrafen sollten, sondern ihnen auf der ganzen Linie behilflich sein müßten. An jedem Tag, zu jeder Stunde, bei jeder Gelegenheit. Diese jungen Leute, die sehr wohl ahnten, was ihnen blühte und wie schwierig und gefährlich ihre Aufgabe war. Die ohne zu murren, mit stoischer Selbstverständlichkeit an die Front gingen — von der bisher etwa jeder Dritte nicht wiedergekommen war.

Bis Ende 1942 hatten unsere U-Boote insgesamt fast 12 Millionen BRT feindlichen Schiffsraums versenkt. Auch 1943 war anfangs noch erfolgreich, da beispielsweise alleine die ersten drei Wochen des März 500.000 Tonnen erbrachten. Im April riß plötzlich der Faden ab. Die von langer Hand vorbereitete Abwehr des Gegners setzte derart schlagkräftig ein, daß die U-Boote kaum noch an die Geleitzüge herankamen. Und nachdem zu Jahresbeginn die Katastrophe von Stalingrad eine Wende im Landkrieg eingeleitet hatte, gab es im Seekrieg einen ähnlichen Rückschlag im sogenannten »schwarzen Mai«, als täglich ein, zwei Boote verschwanden. Am 19. Mai waren es sogar vier, und die gesamten Verluste im Monat Mai erreichten die Rekordhöhe von 43 Booten. Im Juni gingen die Verluste auf 17 Boote zurück, aber im Juli waren es schon wieder 37, ohne daß wir die Ursachen der unverhofften Niederlage in ihren Einzelheiten exakt zu erkennen vermochten.
Und darauf kam es ja gerade an.

Uns bei den Ausbildungseinheiten wurden diese Verlustmeldungen nicht dienstlich mitgeteilt. Wir erfuhren sie nur über unsere Freunde und Crewkameraden im Stabe Dönitz, und wir kriegten ja auch mit, welche Boote nicht wiederkehrten, und konnten uns das weitere an den fünf Fingern abzählen. Mehr denn je fühlten Topp und ich uns bewogen, darüber nachzudenken, wie wir die Ausbildung verbessern konnten. Wir haben rundherum so an die zehn Gebote aufgestellt. Wie man es auch ansah, im Grunde lief alles darauf hinaus, daß die Gesamtausbildung der U-Boot-Fahrer nicht drei bis fünf Monate, sondern etwa die doppelte Zeit dauern müßte. Und selbst das war nur noch halb so viel, wie man in den »guten Zeiten« auf die Ausbildung verwendet hatte. Doch nach dem schwarzen Mai war der ohnehin schon forcierte U-Boot-Bau von monatlich 30 auf monatlich 40 Boote hochgezogen worden — jedenfalls auf dem Papier — und die Besatzungen wurden sozusagen »durchgeschossen«, um die Verluste auszugleichen. Nach der Parole: Boote an die Front, Boote an die Front!
Wir wollten jedoch nichts unversucht lassen und Dönitz unsern Standpunkt mündlich vortragen. Und da ergab sich die Frage, wer von uns zum jetzigen Oberbefehlshaber der Kriegsmarine gehen sollte. Es war meine Idee, die Reihenfolge durch das Werfen eines Geldstückes zu entscheiden. Er, Topp, nahm die Zahl und ich den Adler, dann würde man ja sehen, wer den Vortritt behielte. Im stillen mutmaßte ich, daß unsere selbsternannte Mission ein Schlag ins Wasser werden würde, bei dem wir am Ende noch selber naß würden. Es lag auf der Hand, daß Dönitz die gleichen Sorgen hatte und nicht noch mit unseren Klagen überhäuft zu werden wünschte. Aber Topp bestand darauf. Er war ohnehin der Dienstältere, er ging nach Berlin. Ich konnte ihn nur noch warnen: Erich, Erich, hoffentlich wirst Du das nicht bereuen . . .
Topp ging also zu Dönitz, kam aber nicht groß zu Wort und ist bei den von uns zusammengestellten Verbesserungsvorschlägen gar nicht angelangt. Es wurde ihm unter anderem mitgeteilt, daß sich die Geleitzug-Situation im Atlantik ohnehin verändern würde. Die jetzt massenweise eingesetzten Liberty- und Victory-Schiffe der Amerikaner wären so schwach und schlecht gebaut, daß sie schon nach der ersten Reise überholt werden müßten. Dadurch würden die alliierten Werften in Kürze mit Reparaturen verstopft sein, die Materialtransporte würden nachlassen, und es würde den Alliierten mehr denn je an Schiffsraum mangeln. Eine solche Milchmädchenrechnung, die offensichtlich aus Goebbels' Propagandaministerium kam, hat Topp und mich sehr erstaunt. Tatsächlich sind diese verlachten Serienschiffe noch zwanzig Jahre und länger unter verschiedenen Flaggen auf allen Ozeanen zu finden gewesen.

Gewiß legte Dönitz selbst keinen Wert auf derart fadenscheinige Sprüche. Er sah schon hinter die Dinge, durfte es aber nicht zugeben. Beispielsweise erfuhren wir von einem Crewkameraden, der als Adjutant den Kapitän zur See Rogge vom vernichteten Hilfskreuzer *Atlantis* begleitete, wie sich Rogge bei Dönitz für die Rettung seiner Besatzung durch U-Boote bedankte. Während der Rettungsaktion waren unerwartet feindliche Streitkräfte erschienen, Rogge äußerte nun dem B.d.U. gegenüber, daß der Gegner vermutlich unseren Funkschlüssel geknackt habe. Da sei Dönitz, wie mein bestürzter Kamerad erzählte, fuchsteufelswild geworden. Ich beruhigte ihn: Das mußt Du verstehen, Dönitz hat zweifellos die gleichen Befürchtungen, aber als Oberbefehlshaber darf er sie nicht laut werden lassen. Das würde die Moral der Truppe erschüttern. Was nicht sein darf, kann auch nicht sein! Dönitz mußte auf Hitlers Befehl den U-Boot-Krieg unter allen Umständen weiterführen, um feindliche Streitkräfte im Westen zu binden. Nach britischen Quellen waren um diese Zeit mehr als 1.000 Flugzeuge mit der Bekämpfung der U-Boote beschäftigt. Und wenn es stimmt, was ich nach dem Kriege erfuhr, so betrug das Kräfteverhältnis auf dem Wasser 1 : 20, das heißt, daß gegen jedes deutsche U-Boot 20 feindliche Einheiten aufgeboten waren. Daher auch die Behauptung des Gröfaz, des größten Feldherrn aller Zeiten: Der Atlantik ist mein westliches Vorfeld . . .
Also stand unserer Forderung »Besser ausbilden« weiterhin entgegen: Schnell, schnell, Boote an die Front, Boote an die Front!

Ob wir mit einer längeren Ausbildung der U-Boot-Besatzungen tatsächlich hätten viel ausrichten können, ist eine andere Frage. Die Abwehr des Gegners, jahrelang hinterherhinkend, hatte uns schließlich und endlich technisch eingeholt und überrundet. Das Loch im Atlantik, der Gap, war geschlossen. Es gab keine Sicherheitszone, keine ungestörten Versorgungsplätze mehr. Zum einen führten die verlängerten Reichweiten der Flugzeuge drüber hinweg, zum anderen waren genug Flugzeugträger vorhanden. Und begleitet von U-Jagd- und Sicherheitsgruppen drückten sie unsere Boote unter Wasser. Die Flugzeuge selbst waren mit Radar versehen und orteten uns auf der Zentimeter-Welle, ohne daß unsere Radar-Warngeräte »Metox« und »Naxos« dies anzeigten, wenn sie wie die Hummeln über uns herfielen. Wir fühlten, daß wir im Atlantik von Peilstellen umgeben waren und über weite Entfernungen hinweg auf bloße Kurz-Zeichen hin eingepeilt wurden. Über die Natur dieser Hilfsmittel wußten wir so gut wie nichts. Huff-Duff, der Kurzwellenpeiler, neue Angriffswaffen und was dazu gehörte, blieben uns bis zum Schluß unbekannt, während sie unsere Spur aufnahmen.

Als erfahrene Kommandaten waren wir uns auch klar darüber, daß unsere Boote an sich schon veraltet waren. Es waren im Prinzip ja keine eigentlichen Untersee-Boote, sondern nur Tauchboote. Infolge Frischluftmangels und geringer Batteriekapazität, was beides ergänzt werden mußte, waren ihre Tauchzeiten beschränkt. Natürlich konnten sie sich der Sicht für eine Weile entziehen, aber nur in der ersten Phase des Krieges, als der Gegner noch auf die Asdic-Unterwasser-Schallortung angewiesen war, die nur nutzte, wenn man ein U-Boot in der Nähe wußte, mit der man aber nicht den ganzen Ozean abtasten konnte. Mit dieser unserer relativen Sicherheit ging es 1942 zu Ende, als man uns von oben auch bei Nacht und Nebel aufspürte. Mit unserer geringen Unterwassergeschwindigkeit von knapp 6 Knoten, die uns ein Entkommen erschwerte, waren wir schnellen Verfolgern gegenüber immer im Nachteil. Sie trug auch Schuld daran, daß mir die Kampfgruppe im Atlantik, diese einmalige Gelegenheit, buchstäblich vor der Nase davonlief, ohne daß ich einen Schuß anzubringen vermochte.

So lagen die Dinge. Obwohl wir in der Klemme saßen, mußten wir weitermachen, aber es war nicht immer leicht, nach außen hin eine zuversichtliche Miene zur Schau zu tragen. Auf einer seiner Inspektionsreisen besuchte der Großadmiral auch uns und war bei mir an Bord von *Waldemar Kophamel* eingestiegen. Während des gemeinsamen Mittagessens würzte die Bordkapelle das einfache Mahl mit munteren Weisen und spielte unter anderem auch einen flotten Marsch. Dönitz, der die Musik liebte, fragte nach seiner Gewohnheit: Was ist das für ein Marsch? Er bekam die unterschiedlichsten Antworten: der Hohenfriedberger — der Preußische Grenadiermarsch — der Marsch der 18. Husaren — Hoch Heidecksburg! Nichts stimmte, das musikalische Verständnis auf dem Meere ist nicht immer das beste. Schließlich war auch ich an der Reihe. Suhren, was ist das für ein Marsch. Ich erwiderte, wohl ein bißchen zu grämlich: Herr Großadmiral, ich kenne jetzt nur noch einen Marsch — nämlich, durch Nacht zum Licht! Dönitz stutzte. Der ebenfalls anwesende v. Friedeburg, mein Freund, hatte dagegen sofort begriffen. Er drehte sich am Nebentisch um und rief mir über die Schulter hinweg zu: Suhren, da hat der Engländer etwas versäumt, der hätte erst Ihre Schnauze totschlagen sollen!

XII.

Die militärische Lage verschlechterte sich zusehends. Die Ostfront war auf dem Rückzug, und im Süden hatten die Alliierten bereits auf dem italienischen Festland Fuß gefaßt. Die U-Boot-Führung blieb unablässig bemüht, das Debakel des Seekriegs aufzufangen. Wechselnde Taktiken folgten, und wenn auch die Leistungskurve der U-Boote jäh abgefallen war, so entstanden auch nicht mehr ganz so hohe Verluste wie im »schwarzen Mai«. Gelegentlich kam v. Friedeburg von Kiel nach Danzig/Gotenhafen, um sich vom Stand der Ausbildung zu überzeugen. Bei einem seiner Besuche teilte er mir im Frühjahr 1944 unverhofft mit: Hören Sie, Suhren, der Großadmiral hat befohlen, daß Sie Führer der U-Boote Norwegen werden sollen. Um ganz ehrlich zu sein, ich habe ihm nicht zugestimmt. Doch der Großadmiral besteht darauf, und so können wir uns nicht sträuben.
Diese F.d.U.s waren der verlängerte Arm der U-Boot-Führung. Während der Großadmiral gleichzeitig als Befehlshaber der U-Boote deren Operationen von Berlin aus dirigierte, gab es unter ihm gewissermaßen vor Ort drei Führer der U-Boote. Für den atlantischen Bereich den F.d.U. West in Angers an der französischen Küste, für den Bereich Mittelmeer einen F.d.U. in Toulon, und für Nord- und Eismeer den F.d.U. Norwegen mit dem Befehlszentrum in Narvik. Meine Kommandierung auf einen so hohen Posten überraschte mich sehr und stürzte mich erneut in Zweifel; denn ich war nicht mehr vom Endsieg überzeugt und sollte doch einer Truppe, die von Bergen bis Hammerfest über zehn Breitengrade verstreut war, inneren Auftrieb geben. Admiral Godt, Stabschef des B.d.U., konnte mir auch nichts anderes raten, als daß wir kämpfen und nochmals kämpfen müßten. Nach der unausgesprochenen Parole: Wer einen Tiger reitet, kann nicht abspringen.
V. Friedeburg hatte mir in seiner besonderen Art mitgeteilt, welchen Mitarbeiterstab ich dort oben in Narvik vorfinden würde. Es sind die und die Herren da, schilderte er mir in glühenden Farben, na und so weiter. Du meine Güte, und da merkte ich dann, daß im dortigen Stützpunkt auch Leute saßen, die bei der U-Boot-Waffe nicht gerade sehr beliebt waren und die man hintern Polarkreis abgestellt hatte. Unter anderem sollte zu meinen Untergebenen auch ein Flottillenchef gehören, der schon 1938 mein Chef gewesen war. Für jenen Stabsoffizier mußte es eine bittere Pille sein, daß einer seiner ehemaligen Leutnante nun das Sagen hatte. Da die mir unterstellten Chefs und Referenten durchweg Fregattenkapitäne und rang-

älter waren, sah ich der Zukunft mit Spannung entgegen. Zumal mir der Großadmiral bei der mündlichen Abmeldung eingeschärft hatte: Suhren, mach Deine Sache gut, damit Du nicht bei gedämpftem Trommelwirbel hier wieder anmarschierst kommst. Dessen eingedenk bestieg ich das Flugzeug, das mich nach Oslo bringen sollte. Unterwegs erreichte mich ein Funkspruch, der mit einem Schlage alles leichter erscheinen ließ. Ich war mit Wirkung vom 1.6.1944 zum Fregattenkapitän befördert worden und somit den anderen im Range gleichgestellt.

In Danzig blieb meine junge Frau zurück, mit der ich seit einem Dreivierteljahr verheiratet war: Jutta-Beatrix. Im Gegensatz zu den flüchtigen Begegnungen während meiner Seefahrtszeit hatte ich als Ausbilder die Möglichkeit gehabt, mich intensiv unter den Töchtern des Landes umzuschauen. Ich hatte Jutta-Beatrix durch gemeinsame Freunde kennengelernt, was gewiß eine passende Form ist, aber nicht immer eine Garantie für ein harmonisches Zusammenleben bietet. Meine Frau war noch sehr jung, erst 18, und ich war 27, und das trug wohl mit zum weiteren, sagen wir divergierenden Verlauf bei. Den Ausschlag gab die sprichwörtliche Schwiegermutter, die ausgerechnet mir zugefallen war.
Der Vater stand als Offizier der Luftwaffe an der Front in Rußland. Die Mutter entstammte einer Zahnarztfamilie, und ihre bohrenden Fragen ließen erkennen, daß sie die Marine, und vor allem ihren lieben Schwiegersohn, mit Argwohn betrachtete. Was auf Gegenseitigkeit beruhte.
Jutta-Beatrix und ich wurden in der wunderschönen, alten St. Marienkirche in Danzig in Anwesenheit von vielen Verwandten und Freunden getraut. Meine U-Boot-Kameraden Bleichrodt und Brandi waren mit ihren Frauen auch da. Ich stand in großer Uniform vor dem Altar, mit langem Rock und Schärpe, im Schmucke aller Orden und Ehrenzeichen, den Marinesäbel umgeschnallt, aus dessen Löwenhaupt die rot-grünen Augen leuchteten, und alles war sehr feierlich wie bei der großen Flaggenparade. Jedenfalls so lange, bis der Pfarrer den Mund aufmachte. Dann war es nicht mehr feierlich. Denn aus dem Pfarrer sprach meine Schwiegermutter, und er fing an, mir alle möglichen Sachen vorzuwerfen. Unter anderem wurde es so hingestellt, als täte ich meine doch noch sehr junge Frau wie einen dummen Muschkoten behandeln.
Wenn sie aber nun glaubten, ich würde mir das widerspruchslos anhören, so hatten sie sich verrechnet. Mir lief die Galle über, und weder die hehre Gotik von St. Marien noch die erlauchten Zuhörer und die Weihe des Ortes und der Stunde konnten mich davon abhalten, meinen Unwillen kundzutun.

So nahm ich meinen Säbel fest in die linke Hand, trat vom roten Teppich einen Schritt beiseite und stieß mit der Waffe dreimal auf die ehrwürdigen Steinplatten, daß es kräftig widerhallte. Die Predigt stockte für einen Moment, es gab erschrockene Augen. Meine Kameraden konnten sich vor Lachen kaum beherrschen. Bleichrodt drehte sich um und wäre am liebsten rausgelaufen. Nun ja, langer Rede kurzer Sinn: Man kann sagen, daß meine Schwiegermutter, in deren Haus wir anschließend auch noch wohnten, mich nicht ungerne nach Norwegen enteilen sah.

An der Spitze der deutschen Marine in Norwegen stand der Befehlshaber Norwegen. Seine Dienststelle befand sich in Oslo. An der Küste saßen drei weitere Marinebefehlshaber. Im südlichen Abschnitt (Bergen) war es der beliebte »Icke« Schrader, der sich bei Kriegsende erschoß; im Mittelabschnitt (Drontheim) der mir gut gesonnene Schulte-Mönting; im Norden, und damit Narvik am nächsten, residierte Nordmann (Tromsö). Diese Admiräle, die kein Front- oder Flottenkommando bekommen konnten, stellte ich mir immer vor, wie sie mit Maschinenpistole und Panzerfaust am Eingang der Fjorde die Invasion erwarteten. Mit Nordmann legte ich mich ungewollt gleich in den ersten Tagen an, als ich auf der Rückfahrt von Hammerfest nach Narvik durch Tromsö kam, mich aber nicht bei ihm meldete. Es hatte sich mir eine Gelegenheit geboten, mit einem Minenräumboot schnell weiterzureisen, was sich dann doch um drei, vier Stunden verzögerte, worauf ich keinen Einfluß hatte. Zwei Tage danach rief der Adjutant des verärgerten Befehlshabers Nord an und beschwerte sich wegen des unterlassenen Besuches. Ich versprach, mich zu bessern, bei passender Gelegenheit vorbeizukommen und dachte mir mein Teil. So streng waren die Bräuche, aber auch so schwierig die Verkehrswege in Norwegen. Das Fluzeug hatte mich von Kiel nach Oslo gebracht, die Eisenbahn weiter nach Drontheim. Mit mir fuhr Eichenlaubträger Adalbert Schnee, der Unternehmen im Nordmeer und Atlantik durchgeführt hatte und mich auf Dönitz' Geheiß dort oben einweisen sollte. In Drontheim hörte die Eisenbahn auf, und man mußte sehen, wie man nach Narvik kam. Schnee, der schon einigemale dort gewesen war, sprach mit einem befreundeten Flugzeugführer, der uns mit seiner Ju 52 über Wasser, Stock und Stein ans Ziel trug.
Der Stützpunkt befand sich nicht direkt in Narvik, wo die schwedische Erzbahn endete, sondern auf der gegenüberliegenden Seite des von kahlen Bergen umgebenen Fjords in Ankenäs. Die Befehlsstelle war der früher oft zu Repräsentationszwecken herangezogene Aviso *Grille*, als Wohnschiff diente ein norwegischer Passagierdampfer *Stella Polaris* (5.000 BRT). Beide

fielen mit ihrem dekorativen Klippersteven ein wenig aus dem sonst eintönigen Rahmen. Ferner waren Werkstatt- und Lagerschiffe verfügbar: die *Neumark* (7.850 BRT) und die *Huascaran* (6.950 BRT), zwei mit Zivilpersonal besetzte Einheiten der Hamburg-Amerika Linie, und ein ziviler Treibstofftanker. In Norwegen gab es keine U-Boot-Bunker wie in Frankreich. Die Boote lagen teils neben der *Stella Polaris*, teils in der örtlichen Werft, hauptsächlich neben den Werkstattschiffen.
Eine Übergabe der Dienstgeschäfte unterblieb. Mein Vorgänger war nicht mehr anwesend, wir hatten uns per Flugzeug gekreuzt. Als ich mich mit den einzelnen Herren des Stützpunktes unterhielt, fragte mich der Chef des Stabes, ob er nicht eine andere Verwendung bekommen könne. Wie die Dinge nun einmal lägen, wäre es für ihn nicht leicht; denn er wäre ja schon als Korvettenkapitän mein Vorgesetzter gewesen, als ich noch als Leutnant diente. Ich wollte mich gerne für ihn verwenden, bat ihn aber, sich noch ein, zwei Monate zu gedulden, bis ich die Sache beherrschte. Ich konnte ihm in der Folge viel freie Hand lassen und spürte auch bald, daß ihm der Dienst wieder Spaß machte und er das Gefühl verlor, in irgendeiner Form degradiert worden zu sein. Der für die Operationen zuständige Offizier Kapitänleutnant Reinhard Reche besaß das Ritterkreuz, war Nordmeerkenner, umsichtig und von ruhiger Wesensart. Der Verwaltungsoffizier, auch um etliche Jahrgänge älter, war mir ebenfalls eine große Stütze. Desgleichen die Offiziere für Funk, Waffen und so weiter. Besonders erwähnen möchte ich den Ingenieur-Offizier, meinen späteren Freund Ebell, den technischen Leiter. Dieser war ein außerordentlich kluger und geschickter Organisator, der alles und jedes zu beschaffen verstand, vom Bohnenkaffee bis zum ganzen U-Boot. Ob älter oder nicht, alle haben mir vorbehaltslos geholfen, meine Aufgabe als Führer der U-Boote Norwegen zu erfüllen, was man von der übrigen Kriegsmarine dort nicht behaupten kann. Darüber reden wir noch.

Als F.d.U. Norwegen unterstanden mir die 14. U-Flottille in Narvik, die 13. U-Flottille in Drontheim und auch noch die 11. U-Flottille in Bergen. Das sollten auf dem Papier etwa drei Dutzend Boote sein, es waren aber im Höchstfalle nur 28. Im Gegensatz zum F.d.U. Frankreich, der operativ von Berlin aus gesteuert wurde, operierte der F.d.U. Norwegen selbständig. Da mußte ich mir schon etwas einfallen lassen. Meine Aufgabe bestand vor allem im Bekämpfen jener Geleitzüge, die mit Kriegsmaterial auf der nördlichen Route zum russischen Murmansk liefen oder leer zurückkamen.
Dönitz hatte fürs erste Korvettenkapitän Schnee mitgegeben, der mich in das taktische Vorgehen im Nordmeer einweisen sollte. Aber kaum waren

wir in Narvik eingetroffen, landeten die Alliierten in der Normandie. Adi Schnee packte seine Koffer und flog nach Berlin zurück. Und da die Admirale noch immer eine gleichzeitige Landung in Norwegen erwarteten, wurde ich vom Admiral Norwegen aufgefordert, meine Boote bei den Lofoten aufzustellen. Ich rechnete mir aus, daß die Alliierten mit ihrer zweiten Front in Frankreich alle Hände voll zu tun haben würden, anstatt noch hierher zu kommen. Sollte das aber doch der Fall sein, gab ich zu verstehen, würde ich mit meinen Booten nach Oslo kommen und mich dero Befehlen unterstellen.

Auf Anordnung der obersten Seekriegsleitung habe ich allerdings noch 5 Boote zur Invasionsfront in Marsch setzen müssen. Zu meinem großen Bedauern gingen sie verloren, und das hätte sich in ihrem eigentlichen Operationsgebiet, dem Nordmeer und der Barent-See, wahrscheinlich vermeiden lassen. Doch die Quittung für meine Weigerung, die Boote bei den Lofoten auf Warteposition zu schicken, ließ nicht lange auf sich warten.

Das Operationsfeld meiner Boote war nicht weit entfernt. Grob gesprochen, beim nahen Nordkap um die Ecke. Aber immer wenn sie sich verschossen hatten und neue Torpedos brauchten, oder wenn sie Reparaturen hatten und Ersatzteile benötigten, mußten sie hinunter nach Drontheim oder gar Bergen. Das bedeutete etwa 1.000 Kilometer Leerlauf und zurück nochmal das gleiche. Dieser Leerlauf entzog sie ihrer eigentlichen Aufgabe, sie waren mehr im An- und Abmarsch als im eigentlichen Kampfgebiet. Andererseits lagen in Narvik nicht ausgelastete Werkstattschiffe mit einer ausgezeichneten Werftmannschaft, die großartige Arbeit leisten konnten. Wenn man bedenkt, daß wir mit diesen schwimmenden Werkstätten später in sechs U-Boote Schnorchel einbauten, jene Röhren, die dem getauchten Boot Frischluft zuführten und Abgase der Diesel entfernten, und die hunderprozentig funktionierten, vermag man das Können dieser zivilen Werftteams ermessen.

Ich ging sofort daran, die Organisation zu verbessern, mit anderen Worten, Narvik so auszurüsten, daß 90 Prozent aller Bedürfnisse hier erfüllt werden konnten und der Leerlauf wegfiel. Das war leichter gesagt als getan. In Drontheim hörte die Eisenbahn auf, und es lag in der Natur der Dinge, daß man mit Ersatzteilen, mit Munition, mit Proviant und dergleichen nur auf dem Wasserwege nach Narvik weiterkam. Das erforderte aber Schiffsraum, und Tonnage war 1944 knapp geworden.

So sagte ich dann zu meinem Ingenieur-Offizier: Kommen Sie mit zum Admiral Norwegen. Tragen wir ihm die unmögliche Situation vor, so darf es nicht weitergehen. Mal sehen, was sich machen läßt. Die Bedeutung der U-Boote, die sich mit den Geleitzügen herumschlugen und neben der Luft-

waffe die einzige kämpfende Truppe hier waren, ließ mich hoffen. Mitnichten —, als ich in Oslo meine Bitte um Schiffsraum vortrug, unterbrach mich der Befehlshaber: Unmöglich, es geht nicht, ich habe nicht eine Tonne übrig. — Aber Herr Admiral, ich brauche den Nachschub. Irgendwie muß ich Torpedos, Ersatzteile, Verpflegung und sonstiges nach Narvik bringen, um den Leerlauf der U-Boote zu verkürzen. Die fahren zuviel in der Gegend umher und fehlen im Einsatz.
Er winkte ab, ich kann da auch nichts tun. Fertig, aus! Jawohl, Herr Admiral, erwiderte ich in meiner wie immer höflichen, aber entschiedenen Art, dann muß ich mir eben selber helfen! Sein Chef des Stabes, auch ein Admiral, guckte mich giftig an. Der konnte mich nicht ausstehen. Vielleicht hatte sich auch einiges herumgesprochen. Indessen lagen mir noch immer Dönitz' Abschiedsworte im Ohr: Sieh zu, daß Du Deine Sache gut machst . . . Was sie auch einwenden würden, ich hatte mir vorgenommen, mich gegen hohe und höchste Dienstgrade durchzusetzen. So, sagte ich zu Ebell, jetzt gehen wir zum Chef der deutschen Zivilverwaltung. Das war der Reichskommissar Josef Terboven, den ich bei meiner Ankunft in Norwegen kennengelernt hatte. Terboven war ohne Zweifel ein harter Mann, aber er hatte Sinn für die Realitäten. Der Marine war er nicht grün. Er begründete das so: Großadmiral Raeder hat mir den Quisling aufgedrückt. Dabei würde ich viel lieber mit dem norwegischen Parlament Store Ting zusammenarbeiten; denn dann stünde es um die deutsch-norwegische Verständigung viel besser als unter dem 150prozentigen Quisling. Viskun Quisling war ein ehrgeiziger norwegischer Politiker und früherer Kriegsminister, der von Anfang an mit uns kollaboriert hatte. Seit 1942 war er Führer einer »nationalen Regierung«. Sein Name wurde zum Inbegriff für Zusammenarbeit mit dem Feinde. Terboven hielt nicht viel von ihm, »doch da wird mir von der Marine reingeredet. Was würden Sie sagen, wenn ich als Gast an Bord käme und anfinge, Ihnen Vorschriften zu machen?« Worauf ich wörtlich antwortete: »Herr Reichskommissar, ich würde Sie in den Hintern treten!« Das war es wohl, was er hören wollte. Er lachte herzhaft. Leider kann ich das nicht!
Terboven hörte aufmerksam zu, als ich ihm meine Sorgen schilderte und daß ich bei der Marine keine Unterstützung fände. Dann rief er nach seinem Schiffahrtsreferenten. Kapitän Suhren braucht unbedingt Tonnage für Narvik, können wir ihm was abgeben? Tja, tja, mal nachdenken —, also da hätte ich noch einen kleinen Küstenfahrer. Ich jubelte, das ist prächtig, damit würde für mich und die Boote alles laufen. Fein, sagte Terboven, und wenn ich Ihnen wieder mal einen Gefallen tun kann, ich werde zusehen, was sich machen läßt.

Terboven hatte bereits resigniert. Jedesmal, wenn er mit seinen Sorgen zu Hitler kam, ist er wie Topp bei Dönitz hinauskomplimentiert worden. Als sich das Ende des Krieges absehen ließ, rief er mich in Narvik an: Suhren, kommen Sie nach Oslo, wir wollen nochmal ein Fest feiern. Was ich freundlich ablehnte, da meine Boote einen verzweifelten Kampf im Eismeer fochten. Als alles aus war, verübte Terboven Selbstmord. Quisling wurde von seinen eigenen Landsleuten zum Tode verurteilt und noch im Oktober 1945 hingerichtet.

Durch mein eigenmächtiges Verhandeln mit dem Reichskommissar hatte ich mir das Mißfallen des Admirals Norwegen zugezogen und bekam das noch erheblich zu spüren. Was tats —, ich hatte dafür meinen Küstenfahrer, der zwischen Drontheim und Narvik hin- und herpendelte und uns mit allem versorgte, was Ebell organisierte. Und Ebell organisierte alles.

Zum erstenmal gelang es mir, mehr U-Boote ins Kampfgebiet zu schicken. Die Tage der großen Geleitzugkämpfe waren vorbei. Die Vernichtung des PQ 17, der mit 35 Frachtern aus den USA kam und über Island nach Rußland wollte und durch die vereinten Angriffe aus der Luft und unter Wasser 24 Einheiten verlor, wiederholte sich nicht mehr. Wir schrieben Ende 1944 und führten einen verbissenen Kampf gegen einen stark geschützten Gegner, der sich im Dunkel der Polarnacht verlor und im Nebel der Eismeergewässer unsichtbar machte. Der Ozean war unendlich groß, und man wußte nie, auf welchen Umwegen sich die alliierten Frachter bewegten, bis zur Bären-Insel oder gar bis Spitzbergen und an der Treibeisgrenze entlang, bevor sie zielstrebig den eisfreien Hafen Murmansk ansteuerten. Die Aufklärung ließ zu wünschen übrig. Über den direkten Draht bat ich den Fliegerführer Norwegen um Unterstützung, wie wir es im Westen gewohnt waren. Doch die Antwort des Generals war entmutigend. Wenn der Himmel nicht wenigstens zu sechs, sieben Zehnteln mit Wolken bedeckt sei, schicke er keine Aufklärungsflugzeuge ins Nordmeer. Die hätten kaum einen Geleitzug erspäht, geschweige denn erreicht, da wären sie auch schon von dessen Abwehr abgeschossen.

So mußte ich denn mit den U-Booten selbst weit auseinandergezogene Suchstreifen bilden und auf das Eintreffen von Geleitzügen warten. Unsere Funkaufklärung lieferte zuweilen recht präzise Angaben über Auslaufpunkte und Termine des Gegners. Bei dem ersten Geleitzug war es uns nicht gelungen, trotz eines breiten Aufklärungsstreifens, mit dem Geleitzug Fühlung zu bekommen. Durch unsere eigene Aufklärung wurde ich darauf hingewiesen, daß ein weiterer Geleitzug in Richtung Murmansk

aufgebrochen war. In Narvik lagen fünfzehn Boote auslaufklar. Mit diesen Booten und den im Operationsgebiet stehenden etwa sechs Booten stellte ich erneut einen breiten Aufklärungsstreifen im Nordmeer auf. Den fünfzehn Kommandanten sagte ich, sollte uns der Geleitzug wieder ungesehen passieren, gebe ich Euch ein Stichwort, das besagt, daß Ihr mit Höchstfahrt und völliger Funkstille Euch vor dem Fjord nach Murmansk aufstellt. Ich lasse Euch freie Hand, wo Ihr Euch aufstellt in der Hoffnung, den Geleitzug zu erwischen. Tatsächlich mußte ich das Stichwort geben, da es schien, daß der Geleitzug uns wieder umgangen hatte.
Tatsächlich kam es dann vor Murmansk zu erbitterten Kämpfen mit sowjetischen Zerstörern, britischen U-Jägern und Geleitfahrzeugen. Schiffe wurden versenkt und auch beschädigt, so daß sowjetische Schlepper Schiffe auf den Haken nehmen konnten oder auf Strand setzten. Leider hatten wir auch neben den Erfolgen Verluste. Bei mir verdichtete sich der Eindruck, daß der Feind in unseren Schlüssel eingebrochen war.
Als F.d.U. gehörte es mit zu meinen Aufgaben, alle Stützpunkte in Norwegen aufzusuchen und Ansprachen voll Zuversicht und Durchhaltewillen an die Männer zu richten. Im Moment hatten die Geleitzugoperationen Vorrang und ließen mich alles andere, auch die Besuche bei den Abschnittsadmirälen, zurückstellen. Das wurde schlecht vermerkt, und ich hatte mich zu entschuldigen. Es gebe in Narvik genug zu tun. Das äußerst tüchtige Personal der Werkstattschiffe arbeitete rund um die Uhr, um die Boote frontklar zu halten. Wenn wir keine Erfolge vorzeigen konnten, mußte auch der Enthusiasmus dieser jetzt voll ausgelasteten Menschen erlahmen. Und der persönliche Kontakt und die offenen Gespräche mit den vom Feind zurückkehrenden Kommandanten bedeutete mir mehr als formelle Visiten bei entfernten Dienststellen.

Die Kommandanten waren wie immer unterschiedlich. Ich habe sehr gute und weniger gute gehabt. Wir Menschen können uns nur schwer von Gefühlen lösen, von Neigungen, von unwillkürlichen Assoziationen. Der eine liegt uns, der andere weniger —, aber als Vorgesetzter soll man neutral bleiben und sie alle gleich behandeln. Keiner darf spüren, ob er etwa beim F.d.U. einen Stein im Brett hat oder umgekehrt. Ich mochte den einen Kommandanten besonders gerne wegen seiner Wesensart. Und ausgerechnet der meinte eines Tages: Ach, Herr Kapitän, wir sind im Grunde genommen doch alle zum Tode verurteilt. Ich versuchte ihm die trüben Gedanken auszureden und schärfte ihm ein: Ihr müßt eben aufpassen und vorsichtig sein! Ich nehme Euch die notwendige Umsicht nicht übel und lege das schon gar nicht als Kneifen aus.

Als dieses Boot wieder in See ging und an der *Grille* vorbeidefilierte, standen seine Offiziere grüßend auf dem Turm. Der Kommandant mit speckiger weißer Mütze rief mir den alten Gladiatorenspruch zu: Morituri te salutant! Und weiß Gott, er behielt recht. Sie kamen nicht wieder. Das war für mich nicht leicht.

Durch Adi Schnee hatte ich den Marinestabsarzt d. Res. Dr. Pantel vom Lazarett in Narvik kennengelernt. Aus einer flüchtigen Bekanntschaft entwickelte sich bald eine enge menschliche Verbundenheit, die mir in meiner Rolle als ganz junger Fregattenkapitän und Führer der U-Boote Norwegen sehr geholfen hat. Die Unterhaltungen mit diesem Chirurgen gewannen zusehends an Wert, sie haben mir Hinweise gegeben und Zweifel behoben. Dr. Pantel war der einzige, dem ich mein Herz ausschütten und den ich nach seiner Meinung fragen konnte —, als Außenstehender, als Arzt, als Mensch.

Das tat auch not; denn ich wurde hier mit Dingen konfrontiert, die mir völlig neu waren. Eines Tages eröffnete mir mein ältester Stabsoffizier, einer der Kommandanten habe ihm offenbart, er sei seinem Gefühl nach nicht imstande, mutig genug anzugreifen — also zu feige. Ohne großes Aufsehen versuchte ich diesen Kommandanten unter vier Augen umzustimmen. Er müsse nur die erste Schwelle seiner Hemmungen überwinden, alles weitere ergebe sich dann von selber. Er staunte sehr, und es wollte ihm nicht in den Kopf, als ich ihm im Laufe der Unterhaltung meine eigenen Ängste vor jedem Angriff schilderte, was ich auch schon den Schülern der 2. U.L.D. eingepaukt hatte. In seinen Augen war ich ein Mensch ohne Furcht. Du meine Güte —, ich konnte ihn nur trösten, daß es nach meinem Dafürhalten keinen Kommandanten, ja überhaupt keinen Soldaten gebe, dem nicht vor jedem Angriff der bange Gedanke komme: Erwischt es mich diesmal oder nicht? Seine Hemmungen seien also ganz natürlich.

Bevor ich diesen Kommandanten zu einem neuen Unternehmen hinausschickte, vereinbarte ich mit ihm ein Kennwort. Geriete er wieder in einen unerträglichen Zwiespalt, solle er es mir übermitteln, worauf ich ihn unter irgendeinem Vorwand sofort zurückrufen würde. Das Gegenteil trat ein. Dieser Kommandant machte eine glänzende Reise, hatte zwei Frachter und zwei Zerstörer torpediert und kam mit geschwellter Brust nach Narvik zurück. Er war sehr bestürzt, als ich ihm eröffnete, er müsse aussteigen, weil ich ihn als Chef des Stabes bei einer Flottille brauche. Er meinte natürlich, und das nicht zu unrecht, er hätte doch nun seine Schwächen überwunden und würde weiterhin erfolgreich sein. Ich ließ mich nicht umstimmen. Ich

wußte aus Erfahrung, daß diese Art von Kommandanten von der nächsten Fahrt höchstwahrscheinlich nicht mehr wiederkehren würde. Um es sich und anderen zu beweisen, setzten sie vielfach alles auf eine Karte. Im nunmehrigen Hochgefühl: Mir kann keiner!
Über seine Erfolge war ich heilfroh. Meine Worte waren auf fruchtbaren Boden gefallen. Solche Kommandanten, die mir offen und ehrlich ihren fehlenden Angriffsgeist gestanden, waren mir lieber als andere, die ihr Kriegstagebuch fälschten und schließlich von ihren eigenen Offizieren wegen Feigheit vor dem Feinde angezeigt wurden. Auch das gab es.
Ich kannte den Betreffenden noch nicht lange genug, ahnte aber sowas und hoffte nur, es würde mir erspart bleiben, ihn ablösen und vor ein Kriegsgericht stellen zu müssen. Als dann die Anzeige einging, blieb mir nichts anderes übrig. Nach Entlastungsgründen suchend, besprach ich mich mit Dr. Pantel, was wir tun könnten, um die Straftat herunterzuspielen. Wir stimmten darin überein, daß man nicht jeden Offizier, der goldene Ärmelstreifen trug, unbedingt zum Kommandanten machen kann. Es wären Offiziere darunter, die dieser Stellung einfach nicht gewachsen sind. Im Falle eines Versagens würde man sie kriegsgerichtlich verurteilen, anstatt sie von vornherein in einer nachgeordneten Position zu verwenden, wo sie durchaus tüchtig sein mochten. Ich sagte: Pantel, Du hast es gut. Als Arzt hilfst Du, Menschen am Leben zu erhalten. Und was muß ich tun? Ich muß sie immer wieder losschicken, bis sie einmal absaufen. Jedesmal, wenn ein Boot nicht wiederkommt, macht mich das fast krank. Ich kann nicht schlafen und überlege mir, woran es gelegen hat.
Pantel plädierte dafür, diesen Kommandanten für krank zu erklären. Er würde dem Kriegsgericht ein entsprechendes Gutachten vorlegen. Ich bat ihn nochmals, alles zu tun, um diesen Mann vor dem härtesten Paragraphen des MSTGB, der Todesstrafe, zu bewahren. Und so geschah es dann auch. Der Angeklagte wurde degradiert und kam mit wenigen Jahren Gefängnis davon.
Sein Nachfolger, ich dachte ich höre nicht recht, war ganze 21 Jahre alt. Daran konnte ich ermessen, wie schwierig es für v. Friedeburg geworden war, die neuen Boote mit Personal zu besetzen. Der Neue machte es trotz seiner Jugend wider Erwarten so gut, daß ich ihn später zum Ritterkreuz vorschlagen konnte.

Ich erwähnte bereits, daß ich wegen meiner Eigenmächtigkeiten nicht unbedingt die Sympathien der Marine-Oberen in Norwegen auf meiner Seite hatte. Das mochte sich bis in die Heimat herumgesprochen haben; denn v. Friedeburg bemerkte dem Großadmiral gegenüber einmal, ich ginge hier

umher wie die Axt im Walde, anstatt auch mal Zugeständnisse zu machen und mich verbindlich zu zeigen. Ich habe ihn dann gebeten, mich mal zu besuchen und sich davon zu überzeugen, welche Schwierigkeiten mir die Etappe Norwegen mache.
Beispielsweise wollte der Admiral Norwegen mir eines Tages mein Befehlsschiff *Grille* fortnehmen und nach Oslo verlegen. Der schmucke Aviso mit dem malerischen Klippersteven war in besseren Tagen einmal Repräsentationsschiff für die höchste Führung gewesen und bequem eingerichtet. Vielleicht störte in Oslo der Gedanke, ich könnte in Adolfs Koje schlafen. Ich sagte befehlsgemäß jawohl, Herr Admiral, wird gemacht, schickte aber meinen Funkoffizier nach Berlin und ersuchte um eine neue kräftige Funkstation. Wie vorauszusehen war, wies man uns ab. Wir hätten auf der *Grille* alles, was wir brauchten. Die sei technisch bestens ausgerüstet und müsse in Narvik bleiben. Und damit hatte es sich. In meiner Position als F.d.U. Norwegen stärkte mir der Großadmiral den Rücken, so daß ich verfahren konnte, wie ich es für richtig hielt.
Als ich einmal persönlich nach Berlin mußte, habe ich dem B.d.U. über meine Erfahrungen und Vorsichtsmaßnahmen im Funkverkehr mit den Booten berichtet. Wieder einmal schien der Gegner unsern Funkschlüssel zu kennen, obwohl die deutsche Funkaufklärung eine solche Möglichkeit entschieden bestritten hatte. Diesmal widersprach der Großadmiral nicht. Tatsächlich haben beide Parteien über relativ lange Zeiträume hinweg die Codes des Gegners gekannt und sich gegenseitig in die Karten gucken können. Nur erforderte das einen erheblichen Aufwand und bisweilen soviel Zeit, daß die entschlüsselte Nachricht schon von den Ereignissen überholt und nicht mehr aktuell war, und nicht viel wert, wenn man am Bezugsort nicht eingreifen konnte.

Die Fronten näherten sich immer mehr der Reichsgrenze. Als der Krieg wie ein Ball immer schneller unaufhaltbar den Abgrund hinunterkollerte, habe ich noch einmal die Gelegenheit zu einem Abstecher nach Danzig benutzt. Mit eindringlichen Worten habe ich meine Frau zu überreden versucht: Pack Deine Koffer und hau hier bloß ab, ich habe für Dich eine Bleibe im Allgäu! Meine Schwiegermutter fuhr auf: Warum sollen wir von hier fort? Es ist doch alles ruhig, liest Du denn nicht den Wehrmachtsbericht? Über soviel Einfalt konnte ich nur den Kopf schütteln und schrie: Was der Wehrmachtsbericht uns beibringt, ist doch nur Stückwerk und für Dumme, wie Du eine bist. Ich kann nur wiederholen, haut hier ab, solange es noch möglich ist und bevor der Russe kommt. Oder wollt Ihr etwa im Winter auf Reisen gehen und dann am Ende noch mit'm Säugling?

Jedenfalls kriegten wir uns schwer in die Haare. Ich und die Alte, die noch an den Endsieg glaubte. Ihr Mann sei noch in Brest-Litowsk, jawohl!
Na und —? Ihr Mann war noch in Brest-Litowsk, aber nicht mehr lange. Er wurde als Fliegerhorstkommandant nach Breslau geschickt. Gute Freunde warnten ihn, Breslau sei vom Russen eingeschlossen, es hätte keinen Sinn, sich dort noch einschleichen zu wollen. Aber mein Schwiegervater folgte pflichtbewußt seinem Marschbefehl, geriet prompt in russische Gefangenschaft und ist kurz darauf in einem Lazarett gestorben.
Das war später. Ich aber vermochte weder mit guten Worten noch mit dringenden Briefen meine Frau zu überzeugen, daß es höchste Zeit sei, Danzig zu verlassen. Immer wieder machte sich der hemmende Einfluß meiner Schwiegermutter geltend. Endlich, in letzter Minute, gelang es mir mit Hilfe der Behörden, die ich angerufen hatte, die beiden Frauen zur Flucht zu bewegen. Sie landeten in Oberstdorf im Allgäu. Und wie das so ist, nach der Kapitulation wurde dort ein amerikanisches Offierskasino eingerichtet, und als ich zwei Jahre danach dort aufkreuzte, denn meine Bewegungsfreiheit war eingeschränkt, waren Mutter und Tocher gut bedient. Ich konnte getrost wieder abfahren. So spielt das Leben.

XIII.

Adalbert Schnee und mein Bruder Gerd, mittlerweile Korvettenkapitän (Ing.), waren seit Monaten damit beschäftigt, einen neuen U-Boot-Typ einzufahren und frontreif zu machen, der uns hätte erneut die Oberhand geben können. Es war der Typ XXI (21), das sogenannte Elektro-Boot.

Das Elektro-Boot war ein Kompromiß zwischen unserm langjährigen VII C-Boot und dem Walter-Boot. Der Kieler Professor Walter hatte ein Triebwerk erfunden, das hochprozentigen Wasserstoff-Superoxyd zersetzte und das entstehende Sauerstoff-Wasser-Gemisch als Vortriebsmittel für Raketen oder zum Antrieb einer Dampfmaschine verwendete: die Walter-Turbine. Mit diesem Antrieb erhielt man das eigentliche, ideale, von Frischluft unabhängige Untersee-Boot, das nicht mehr aufzutauchen brauchte und durch seine Form und Maschinenkraft eine hohe Unterwassergeschwindigkeit erreichte. Es war weder zu orten noch einzuholen. Seine Nachteile waren der hohe Brennstoffverbrauch und die Explosionsgefahr. Daher kam der Walter-Antrieb nicht über zwei kleinere Erprobungs-Boote hinaus.

Aber mein Freund Schnee hatte sich der Walter-Boote angenommen, und obwohl es nicht seine Konstruktions-Idee war, gab es so etwas wie eine Schnee-Orgel. Das neue Boot sollte mit einer Fahrt von 25 Knoten unter Wasser in einen Geleitzug stoßen und 10 Torpedos auf einmal abschießen können (ähnlich einer Stalin-Raketen-Orgel). Es waren zielsuchende Torpedos, die auf Geräusche reagierten und dann zwischen den Schiffen des Geleitzuges schlängelten. Zwei Boote mit zusammen 20 Torpedos hätten den Geleitzug zerschlagen. Unseren alten Kisten, den VII C-Booten, wäre dann nur noch die Aufgabe zugefallen, die Versprengten fertigzumachen. Vom Prinzip her war das alles wohl gut und schön, aber es gehörte zu jenen Projekten, die viel zu spät kamen, um sich realisieren zu lassen.

Statt dessen war im Endergebnis das oben erwähnte Elektro-Boot entstanden, der Typ XXI (21). Ein fischförmiger, vom Walter-Boot übernommener Rumpf wurde über Wasser zwar von den bisherigen Dieseln angetrieben. Seine umfangreichen Brennstoffzellen aber waren zum großen Teil mir E-Batterien gefüllt, die ihm auch unter Wasser einen großen Fahrtbereich garantierten. Sie gaben dem neuen Boot, das zudem einen Schnorchel fuhr, auch den Namen: Elektro-Boot. Und ein solches Boot war *U 2511*, auf dem Schnee und mein Bruder Dienst taten.

Dönitz hatte beide zusammengebracht in der Erwartung, daß die beiden größten U-Boot-Praktiker das Boot schnell einfahren und an die Front bringen würden. Schnee war von dem Boot begeistert, ich selbst weniger. Sie brauchten immerhin sieben Monate, um die Kinderkrankheiten auszumerzen. Am 1. Mai 1945 sind sie aus Bergen ausgelaufen —, ins Kampfgebiet.
Das Boot bewährte sich glänzend. Mit hoher Unterwasserfahrt lief es allen U-Jagdgruppen davon, manövrierte ausgezeichnet und wurde nicht geortet. Unbemerkt konnte es sich einem von Zerstörern begleiteten britischen Kreuzer bis auf 500 Meter nähern. Schnees Urteil: Boot ist hervorragend, sowohl im Angriff als auch in der Abwehr, etwas ganz Neues für U-Boot-Fahrer.
Dennoch war alles zwecklos. *U 2511* kam nicht mehr zum Schuß. Schon am 4. Mai hatte Dönitz den U-Booten Schießverbot erteilt. Nach dem Selbstmord Hitlers deutscher Staatschef geworden, war er sofort in Waffenstillstandsverhandlungen mit den Westmächten eingetreten, denen in der Nacht vom 8./9. Mai 1945 die bedingungslose Kapitulation an allen Fronten folgte. Jener britische Kreuzer, der Schnee zum Greifen nahe über den Weg lief, befand sich bereits auf dem Wege nach Bergen, um die Kapitulation durchzuführen.

Im Zuge der Übergabe der weit verstreuten deutschen Kriegsschiffe befahlen die Alliierten, diese an bestimmten Sammelpunkten zusammenzuziehen und sie ihnen dort auszuliefern. Wir in Narvik hatten das Gefühl, zu dicht an Murmansk zu liegen, und daß es den Sowjets einfallen könnte, Narvik zu besetzen und uns zu vereinnahmen. Ich berief mich vorsorglich auf den alliierten Befehl und schlug vor, wegen der Zusammenführung der U-Boote mit dem gesamten Troß nach Drontheim zu verholen. Das wurde von den Briten akzeptiert. Es handelte sich um etwa 15 U-Boote, den Aviso *Grille*, das Wohnschiff *Stella Polaris*, um die beiden Werkstattschiffe und einen Tanker.
So verließen wir das triste Narvik in Richtung Süden. Außerhalb Drontheims empfingen uns fünf britische Korvetten und sammelten die U-Boote ein. Es kamen noch einige hinzu, so daß sich am Ende einige zwanzig eingefunden hatten, mit denen sie abzuziehen gedachten. Trotz meines impulsiven Protestes war da natürlich nichts weiter zu machen. Ein ziemlich arroganter englischer Oberleutnant fragte mich, ob ich nicht wüßte, daß wir den alliierten Anordnungen zu folgen hätten. Alle meine Boote, die ich noch mit nach Drontheim zu nehmen gedachte, wurden mir aus der Hand genommen und mitsamt ihren Besatzungen nach England entführt. Unsere

Leute haben dort noch so'n bißchen was anzustellen versucht. Aber die Engländer erklärten ihnen, sie sollten die Finger von den intakten Maschinen lassen und keine Sabotage verüben.
Die in deutschen Häfen zurückgebliebenen U-Boote, etwa 150 an der Zahl, wurden nicht übergeben. Sie versenkten sich selbst.
Von den nach England gebrachten wurden einige wenige unter die alliierten Marinen verteilt. Die große Masse, es waren noch etwas über 100, wurde bald nach der Kapitulation in den Atlantik gebracht und mit geöffneten Ventilen in die Tiefe geschickt. Diese Aktion lief unter dem Namen »Unternehmen Deadlight«. Das letzte Wort bedeutet eine Blende, mit der man ein Bullauge verdunkelt. Landläufig ausgedrückt — eine Fensterlade. Und so bekam das Ganze einen doppelten Sinn. Die Lade klappte zu, es wurde dunkel, das Spiel war aus.

Einen Befehlshaber der U-Boote gab es nicht mehr. Was mir zu tun blieb, hatte ich selbst zu verantworten. Als ich in Drontheim ankam, habe ich den Flottillenchef, nun ohne Flottille, angewiesen: Räumen Sie mit Ihren restlichen Leuten sofort den Stützpunkt, und bringen Sie alles in unsere Ausweichlager. Diese befanden sich weit hinten in versteckten Winkeln des Fjordes. U-Boot-Fahrer waren immer gute Organisatoren. Sie besorgten sich im Handumdrehen Lastwagen von der Luftwaffe. Alles was nicht niet- und nagelfest war, wurde aufgepackt und in die entfernten Lager verschleppt. Keine Stunde zu früh. Kaum hatte der letzte LKW den Stützpunkt verlassen, kamen norwegische Soldaten und besetzten alles — aber sie fanden nur noch das leere Nest: kein Bett, kein Spind, keinen Schreibtisch, keinen Schraubenschlüssel, nicht mal 'ne Schraube. Das gefiel ihnen nicht. Wir stellten uns dumm, und die Engländer waren nicht sonderlich interessiert, denen lag nur an den Schiffen. Außerdem wollten sie das Heft in der Hand behalten und nicht an norwegische Einheiten abgeben, die jetzt von irgendwo zurückkamen. Wer eigentlich das Sagen hatte, das heißt, wer Senior Naval Officer in Charge war, wußte ich selbst nicht. Später hatte ich vorwiegend mit einem Mayor Barnett zu tun, einem Vernehmungsoffizier.
Ich selbst richtete mich auf einen längeren Aufenthalt ein und ließ mir draußen im Fjord eine Scheinwerferleitstelle ausbauen, mit Wohnzimmer, Schlafzimmer, Abstellkammer und Dusche. Denn nach dem Willen der Alliierten war ich noch immer Chef und verantwortlich für die fünf Ausweichlager, in denen die restlichen U-Boot-Leute untergebracht waren, und für das Lager der deutschen Untersuchungshäftlinge. Es war ein von Stacheldraht umzäuntes Barackenlager, ein Wehrmachtsgefängnis. Auch

das gab es noch, und die Tommies hatten nicht die Absicht, die Insassen zu befreien. Im Gegenteil —, alle Verfahren liefen weiter. Wir U-Boot-Fahrer waren als Bewacher abkommandiert und angewiesen, Ordnung und Disziplin aufrechtzuerhalten, notfalls mit Waffengewalt. Das war eine schöne Bescherung und insofern nicht ganz problemlos, da sich die Delinquenten an keine Befehle halten wollten, egal woher sie auch kamen. Einige Häftlinge spazierten auf norwegischem Territorium frei herum und sorgten für Aufregung.
Ich habe dem Wachpersonal die Situation erklärt. Ja, hieß es da, die graben sich unterm Drahtzaun durch. Na, sie bekamen von mir handfeste Verhaltensmaßregeln, während einer der Lagerinsassen im Nebenzimmer lauschte und alles mit anhörte. Der hatte nichts eiligeres zu tun, als in die Baracken zu laufen: Suhren hat das und das gesagt!
Als ich abfahren wollte, begann es hinter mir zu rumoren. Ich fragte den Lagerleiter, einen jungen Kapitänleutnant, was ist denn da los? Ja, antwortete der, die meinen Sie! Ich war unbewaffnet, stieg gelassen aus dem Wagen und brüllte: Zurück in die Baracken, marsch, marsch! Dieser vertraute Ton brachte sie erstmal zum Stehen. Und zum Posten gewandt: Durchladen! Als die Schreier merkten, daß es Ernst wurde, bröckelten sie nach und nach ab, und am Ende waren alle wieder in den Baracken.
Von meinen eigenen Leuten holte ich mir fünf stämmige Unteroffiziere. Inzwischen waren wieder zwei aus dem Wehrmachtgefängnis ausgebrochen und machten Norwegen unsicher. Die Unteroffiziere bekamen sie an Armen und Beinen zu fassen und katapultierten sie über den zwei Meter hohen Drahtzaun zurück. Im Anschluß holten wir die größten Radaumacher heraus und brachten sie in das Lager der U-Bootleute, wo sie nichts mehr anrichten konnten.

Dann war ich selbst an der Reihe, wurde von den Engländern festgenommen und in Drontheim ins Gefängnis gesteckt. Das fidele Gebäude hieß »Missions-Hotel« und hatte auch schon mal bessere Tage gesehen. Später hatte sich der SD darin etabliert und im Keller acht Zellen eingerichtet. In der einen saß nun ich. Es ging darum, ob ich einmal fünf Angehörige des Sicherheitsdienstes im U-Boot nach Nordnorwegen verschifft hätte. Die waren spurlos verschwunden, wahrscheinlich über die grüne Grenze nach Schweden. Jedenfalls hatten wir mit unseren U-Booten anderes zu tun gehabt.
Dann sollte es gewisse Gerüchte bei der Überführung der *Grille* nach England gegeben haben. Ja, der Führer der U-Boote Norwegen, der Teddy Suhren, das ist gerade der Richtige, was der alles angestellt hat, na, hören

Sie mal! Und das wurde dem Engländer serviert, gegen Tee und Zigaretten. Sicherheitshalber setzte der mich erst einmal fest, auch als sich die Gerüchte hinterher als die üblichen Denunziationen erwiesen.

Nun ergriff aber ganz unerwartet der norwegische Leiter des Missionshotels meine Partei. Er meinte, wir sind ja nicht besser als Ihr, wir machen genau die gleichen Fehler, die wir Euch vorgeworfen haben. Das ist nicht der Sinn der Sache. Ich gehe in Kürze wieder ins Zivilleben zurück, und wenn ich draußen bin, sorge ich dafür, daß man Sie freiläßt. Wirklich —, das Weihnachtsfest 1945 habe ich wieder unter meinen U-Boot-Leuten feiern können.

Bis sich wieder was über mir zusammenbraute. Ab gings in das Landesgefängnis nach Oslo, in die Feste Akershus. Dort bekam ich eine Zelle im oberen Stockwerk und war der einzige Häftling in der ganzen Etage. Warum, wurde nicht offenbar. Es war ziemlich langweilig, abgesehen von den Verhören, bei denen geredet und geschrien wurde, die aber schließlich auch den Reiz der Abwechslung verloren. Der lautstärkste Engländer war zweifellos ein Deutscher. Der sprach ein so astreines Deutsch, daß es eine Freude war, und verfügte über ein Repertoire an Schimpfwörtern, wie ich es noch nie gehört hatte. Und das will viel heißen. Ich wußte nicht seinen Dienstgrad; denn er trug Zivil, aber er führte unbestreitbar das große Wort, und alles hörte ihm zu. Ich sagte mir, mit dem mußt du klar kommen, was mir auch gelang; denn auch ich nahm kein Blatt vor den Mund. Und der sorgte dafür, daß ich aus dem solitary confinement, der Einzelhaft, in eine Mehrfachzelle verlegt wurde, in der schon zwei Kameraden einsaßen. Da fühlte ich mich doch wieder wie im »Missions-Hotel«.
Der eine der beiden, ein Oberstleutnant der Luftwaffe, fragte mich unverbindlich, ob mich ihre morgendlichen »Übungen« stören würden. Ich erwiderte achselzuckend, von mir aus —, macht doch, was Ihr wollt, Yoga oder Zwerchfellatmung, oder was weiß ich. Aber da war noch ein älterer Feldwebel, der früher dem Sicherheitsdienst angehört hatte, den ganz Scharfen. Den hatten sie mittlerweile schon umgedreht. Er hatte sich besonnen, daß er katholisch war, und war wieder fromm geworden. Und nun hielten sie jeden Morgen Andacht. Warum auch nicht —, nur durfte mir der Luftwaffenmann nicht so kommen. Der wollte mir nämlich so hintenrum ins Gewissen reden. Wissen Sie, Herr Suhren, wir alle haben doch schon mal im Leben irgendetwas getan, wofür wir hätten gerechterweise eingesperrt werden müssen. Sehen Sie, und ich rede mir ein, daß ich das jetzt hier absitze — und büße!

Na, wenn das nicht das reinste »Missions-Hotel« war. Bis hierher hat mich Gott gebracht durch seine große Güte. Büßen —? wiederholte ich, büßen —? Wissen Sie, Herr Kamerad, bei mir können Sie mit Ihrer Philosophie keinen Blumentopf gewinnen. Ick habe nischt verbrochen, ich will hier raus und nicht von Englands Gnaden büßen.
Und dann habe ich wieder den Lautstarken bekniet, der mir immer merkwürdiger erschien. Gewisse Anzeichen deuteten darauf hin, daß er von ganz oben kam, aus dem deutschen Hochadel. Ich weiß, wovon ich spreche. Der verschaffte mir als nächstes eine »offene« Zelle. Als Insasse einer offenen Zelle konnte man sich im Gefängnisgelände frei bewegen, und überdies wohnte ich hier mit dem früheren F.d.U. West, Kapitän Hans-Rudolf Rösing zusammen. Er war mit einem U-Boot, das nach der Invasion seinen Atlantikstützpunkt verloren hatte, nach Bergen gelangt.

Jetzt begegnete ich allen möglichen Gefangenen. Darunter auch vielen jungen Leuten, die vorher zu den getreuesten Gefolgsmännern des Dritten Reiches gehört hatten, sich jetzt aber gegenseitig bezichtigten. Wie immer, wenn eine Sache schief gelaufen ist. Die mußten zur Vernunft gebracht werden, damit sie den Mund hielten. Je mehr sie von sich gaben, desto länger behielte man sie doch hier. Sie sahen das auch ein. Ich habe zur Unterhaltung beigetragen und kurze Vorträge über den U-Boot-Krieg und dergleichen gehalten und war am Ende rundherum gut angeschrieben. Und die Leute sagten spontan, wenn der Engländer Dir was tun will, bekommt er es mit uns zu tun. Der aber wollte gar nichts von mir.

Eines Tages im April 1946 ließen mich Mayor Barnett und der lautstarke Zivilist kommen. Sehen Sie sich doch bitte diesen deutschen Ausweis an, ist der gefälscht oder echt. Ich besah mir das Ding von allen Seiten. Daß das Papier gefälscht war, fühlte ein Blinder mit'm Krückstock. Ich wiegte den Kopf und zog mich auf meine Art aus der Affäre. Mayor Barnett, über die Echtheit dieses Ausweises kann ich nichts sagen. Das ist nämlich ein Ausweis von den Minensuchern, ich aber bin ein U-Boot-Mann! Und damit hatte es sich. Was auch immer der Anlaß zu dieser Befragung gewesen sein mag, irgendwie schienen sie mich zu respektieren. Der Mayor und mein hoher Gönner erhoben sich und drückten mir beide ganz eigenartig die Hand. Als hätten sie mich nur noch einmal unter einem Vorwand sehen wollen.
Kurz zuvor hatte mich durch alle Kontrollen und Zensuren ein Brief von meiner Frau erreicht, daß meine Schwester und meine Eltern, um dem Lynchen des Mobs zuvorzukommen, den Freitod erwählt hatten.

Anderntags hieß es plötzlich: Suhren, packen, packen! Es gab nicht viel zu tun. Die deutsche Feldgendarmerie stellte sich ein, die war auch noch im Dienst. Der jetzige Befehlshaber der deutschen Marineangehörigen in Oslo, ein Fregattenkapitän, hatte seinen Adjutanten geschickt. Der letzte Führer der U-Boote in Norwegen fuhr nach Neustadt in Holstein.
Meine wenigen Wertsachen besitze ich noch: die Eisernen Kreuze, das U-Boot-Abzeichen mit Brillianten, das Ritterkreuz, das Eichenlaub und die Schwerter. Den Marine-Ehrendolch. Alles das habe ich in einen Behälter getan, der im Doppelboden eines Flugsicherungsbootes nach Kopenhagen gelangte. Dort hat ihn einer der Offiziere aus meinem früheren Stabe herausgeholt und auf ein Minensuchboot gebracht, das gelegentlich Kiel anlief. Dort war mein Bruder bei der German Mine Sweeping Administration (dem deutschen Minenräumdienst in Friedrichsort) und hat den Behälter wahrgenommen. Und so bekam ich alles wieder.

Ich aber wollte zu mir selbst zurückfinden und bin zu meinem alten Freund Hufnagel vom Remonteamt Ferdinandshof gefahren. Das Amt mitsamt den Pferden war aus der Stettiner Gegend nach Kleverhof bei Bad Schwartau ausgewichen. Als ich den Hof betrat, kam mir als erstes eine wohlgenährte Gestalt entgegen. Es war ein polnischer Feldwebel. Auf einmal, ich denke, ich seh nicht recht, breitet der Pole die Arme aus und ruft: Pan, Pan, gutes Freund, gutes Freund! Noch ist Polen nicht verloren! Und wie er mich umarmt, erkenne ich ihn. Es ist der Vormann jener polnischen Musikkapelle, der ich einmal mit vielem freundlichen Zureden die Nationalhymne entlockt hatte, was mir nachher Ärger genug eingebracht hatte.
Noch ist Polen nicht verloren . . .
Man trifft jeden im Leben zweimal.

Von Goethe stammen die Verse:

Alles geben die Götter, die unendlichen,
Ihren Lieblingen ganz,
Alle Freuden, die unendlichen,
Alle Schmerzen, die unendlichen, ganz.

Das darf ich unterschreiben.

Personenregister

(die Dienstgrade entsprechen den letzten Informationen)